青少年心理成长护航丛书

关注青少年心理成长，著名儿童心理学专家 李红 教授主编

充满奥妙的心理学

主编 冯廷勇 副主编 赵伟华 张娅玲

西南师范大学出版社
全国百佳图书出版单位 国家一级出版社

青少年心理成长护航丛书
编委会

给青少年的一封信

亲爱的同学：

你好！欢迎加入探访心理学奥秘的旅程。当你听到“心理学”三个字的时候，脑子里是不是装满了感叹和疑问？“哇，心理学是什么啊？太深奥了！”“心理学与我何干？她只和变态、犯罪分子有关。”实际上，心理学并不深奥，它是一门研究人心理现象发生、发展和活动规律的科学。它与我们的生活如影随形，每个人或多或少都懂一些心理学，比如你知道用哪些方法可以提高记忆，知道如何保持愉悦的心情，知道怎样按步骤解决难题。然而，大家从小说、电影以及人们口口相传的故事中获得的心理学知识只是冰山一角。因此，本书的目的就是带领大家全面认识系统的心理学，揭开心理学神秘的面纱。

本书共十章，涵盖了心理学的全部内容。第一章是“转角遇见心理学”，通过列举四个生活中常见的心理学现象引出全文；第二章是“车如流水马如龙”，全面介绍了人类如何通过眼睛、鼻子、耳朵等器官认识外界事物，形成自己理解的过程，有时候，眼见未必为实，要时刻提醒自己注意哦；第三章是“注意是调台，意识是内容”，介绍了“意识”和“注意”两个心理活动的本质及其关系，展示了“催眠”、“梦”背后的奥秘；第四章是“见过，知道，记得”，介绍了人类记忆的规律，提供了大量有趣而又实用的记忆诀窍；第五章是“想象让思维变得浪漫”，介绍了思维的种类、过程，以及想象对思维的作用，有很多需要发挥创造性思维的游戏题等你来解答；第六章是“智者千虑必有一失；愚者千虑必有一得”，讲了智力的组成部分和特点，想要取得好成绩、实现自己的理想，还得多看看这章的内容；第七章是“需要是成长的翅膀”，介绍了需要的种类、动机的作用和意志的磨练，看看现在这个阶段的我们需要什么呢；第八章“冲动是一颗吃不完的后悔药”，讲述了情绪、面部表情以及不良情绪对我们的影响，让我们一起做个快乐的人吧；第九章“千人千脾气”，其中包含了性格的好坏对我们的影响、性格是否可以改变等问题，大家肯定会很感兴趣；第十章“我呀，我呀，我朋友”，讲解了人与人交往中，相互吸引、排斥的规律，要想有个好人缘，就好好学习人际交往的技巧吧！

阅读全书，你会发现它语言通俗易懂、写作风格幽默诙谐、插图生动形象，故事、案例、问题都非常贴近我们的生活学习。这是一本非常适合中小学生阅读的科普读物，它能够拓宽学生的知识面，提高心理学修养。在阅读本书的过程中，相信你会对心理学产生浓厚的兴趣，并能联系生活思考其中的心理学奥秘，达到培养积极健康的心理，认识自我、提高自我的效果。那么，让我们赶快开始心理学探秘之旅吧！

编者

目录

第一章　转角遇见心理学

探索心理学奥妙的旅程就要开始了。可是，我们还不知道心理学在哪里。它在心理学家的书本里吗？在美国谍战大片中吗？在精神病院吗？不要再漫无目的地寻找了，转过头，心理学就在你眼前——你感冒了头晕目眩；你跟父母发脾气；你和朋友开玩笑；你上课有时聚精会神，有时思想开小差；你得到老师夸奖兴高采烈；你丢了钱包垂头丧气……你的所思所想、所作所为都是心理学。生活有多大，心理学就有多大，它不止被用在案件侦破和心理治疗中，心理学与我们每一个人都有关系，它可以发生在学校里，可以是在商场里，也可以在大街上！通过学习，我们也可以领略心理学的无穷奥秘。还等什么呢，我们一起走进心理学世界吧！拉好扶手，心理学列车出发了……

奥妙之旅第一站：学校

说你行，你就行！

相传古希腊雕刻家皮格马利翁深深地爱上了自己用象牙雕刻的美丽少女，并希望少女能够变成活生生的真人。他真挚的爱感动了爱神阿劳芙罗狄特，爱神赋予了少女雕像以生命，最终皮格马利翁与自己钟爱的少女结为了夫妻。当然这只是一个梦想成真的神话，不可能发生在真实生活中。但后来，美国哈佛大学教授罗森塔尔等人做了一些实验，证明了很多事情真的会按照自己期望的方向发展。

1968年，罗森塔尔教授带着一个实验小组走进了一所普通的小学，对校长和教师说明要对学生进行"发展潜力"的测验。他们在6个年级的18个班里随意挑选了部分学生，然后把名单提供给任课老师，并郑重地告诉他们，名单中的这些学生是学校中最有发展潜能的学生，并再三嘱托教师不能把这个测试结果告诉学生本人，只能在暗中留意，长期观察。8个月后，当他们回到该小学时，惊喜地发现，名单上的学生不但在学习成绩和智力表现上均有明显进步，而且在兴趣、品行、师生关系等方面也都有了很大的变化。

罗森塔尔的实验说明，老师只要诚心诚意寄希望于学生，那么学生将会按老师的期望去发展。如同皮格马利翁希望自己的象牙雕塑变成真人一样。人们把这种现象叫做"期望效应"或者"罗森塔尔效应"、"皮格马利翁效应"。用一句最通俗的话来解释"期望效应"就是："说你行，你就行，不行也行”，当然，反之也成立。这就是说，当人们相互交流的时候，一个人的感情和期望等行为会导致其寄予对象向相应的方向发生一系列变化。期望对人有深层次的指导作用，美好而积极的期望使人良性发展，不当的期望则会让人的发展每况愈下。

“期望效应”在日常生活中很常见。现在很多人都相信星座，这里有一个关于星座的笑话跟大家分享：一个人认为自己是白羊座，性格特征是外向、冲动、有正义感，他一直按照这样的标准要求自己。后来他得知，他是山羊座，不是白羊座，山羊座也叫摩羯座，性格特点是内敛、含蓄、淡漠。顿时，他就纳闷了，自己已经变成了一个典型的白羊座。这个笑话恰好说明了“期望效应”对我们行为的影响，暗示自己是白羊座，性格就慢慢变成白羊座了。赵本山的小品《卖拐》中，老赵忽悠范伟说他的腿有毛病，慢慢的他真感觉自己腿不舒服了，从而向赵本山买了一对本来不需要的拐杖，被骗了。很多歪理邪说就是运用了暗示和“期望效应”来攫取人们的意志，俘虏人们的思想。

奥妙之旅第二站：军营

当兵也怕入错“行”

王伟是一名普通青年，在家跟着父亲做杀猪的生意，但他很不喜欢这个职业，每天都要面对猪的惨叫和血淋淋的场面。他已经感到厌烦了，因此满怀希望入了伍，成为一名海军新战士，希望做一名雷达兵。新兵分配快要到了，王伟心里感到很不安，因为他听说部队缺少一个杀猪的人，要安排他去炊事班杀猪。

分配的日子到了，班长把他们领到操场。操场上传来了一阵阵清脆的警报声，“嘀、嘀、嘀……”只见每个新战士面前都放着一个精巧的仪器，他们神情专注地将手里的金属针一一插入仪器上大小不一的洞眼。按要求，金属探针不能触及仪器的其他部位，但许多人还是不慎触碰，引发了警报。

他们这是在做什么呢？原来在分配岗位前，新战士需要接受心理测验，对所有战士的抗干扰能力、分析判断能力、空间定位能力、空间图形比对能力等进行严格测试，并根据测试结果进行岗位分配，争取做到让合适的人在合适的岗位上。

王伟小心翼翼地完成测试，每次都准确地把针插到孔里，几乎没有弄出警报声。

等全部士兵完成测验后，分配开始了。

“王伟！”

“到！”他应声出列，心理专家测验的意见是：性格内向稳定，心理能力呈现特点为记忆力好、有耐心、能较长时间集中注意力，建议负责雷达警戒工作。支队领导采纳了这一建议。

王伟心里暗自高兴！原来自己真的适合做一名雷达兵，而不是炊事兵！要是没有新兵心理测试，自己怕是要入错行了。

说到军事人员的心理选拔，还有一段曲折的历史。两千年前，凯撒征讨高卢，他认为士兵根本不需要进行心理训练，而且认为只有愚蠢的人才会听从心理学家的告诫。就连拿破仑也认为，士兵不过是棋盘上可以任由下棋者摆布的棋子，两者唯一的区别在于士兵会动。但是在 1918 年，这一切都改变了。美国加入了世界大战，必须在最短的时间内将自己的战斗效率最大限度地调动起来，耽误一天就意味着会牺牲许多生命。每一个人都要贡献出自己的最大能力，具有指挥才能的人必须去指挥战斗，如果让一个具有军事指挥才能的人去做一名普通的士兵，那么这种人才浪费就意味着流血、牺牲和失败。

于是，1918 年 11 月 11 日，人类历史上第一次大规模官兵心理测验开始了。112 名政府官员和 350 名心理学家开始对 170 万新兵进行心理测验。指挥官们根据军官和士兵的心理状况作出相应的职位安排，从而杜绝了战场上许多人才浪费的情况。可谓“当兵也怕入错行”，只有每一个官兵都在适合他的岗位上，才能发挥他最大的作用，保证战争取得胜利。

美国著名军事心理学家德瑞斯克尔说过：“世界上没有任何一个组织或机构会像军队那样与心理学科的成熟和发展有着如此紧密的联系。”心理学在军事上的应用非常广泛，官兵心理选拔只是其中一个方面。战场上，阵地的布置、战术的应用、士兵气势的鼓动都与心理学密切相关。

奥妙之旅第三站：汶川

让“心”温暖心，重建心理家园

5·12 汶川大地震牵动了全国人民和全球华人的心，这场灾难摧毁了我们的家园、夺走了数以万计同胞的生命。面对如此大的灾难，不仅是儿童，成年人的心理上也遭受了巨大的创伤，比如悲伤哭泣、孤单无助、胆小害怕、彷徨失措等。他们不想听到任何关于亲人离去的消息、不愿看到和灾难有关的物品、时常会不自主地回忆起当时的场景，甚至会经常做噩梦，惊吓不已。被摧毁的家园可以通过双手重新建立，我们的心理世界，这座看不见的精神家园，同样需要重建。这时，心理专家们怀着对生命的关爱，凭着丰富的心理学知识，冒着重重困难，为灾区同胞们撑起了一把心理保护伞。

心理学工作人员一到灾区，就马不停蹄地开始工作起来。细心倾听灾民的苦衷，给他们拥抱和力量；给小孩子进行心理辅导，教他们勇敢坚强，学会心灵的自救；组织受灾群众进行集体心理辅导，手拉手、心连心，相信通过自己的努力能度过难关。心理老师们告诉受灾群众，他们所经历的悲痛、失眠噩梦都是人们面临灾害时正常的心理反应，鼓励灾民提问和宣泄，释放出心里的焦虑跟悲伤，利用图画来了解孩子们的内心世界，找到行之有效的办法来排解孩子的心理问题。

除了现场及时的援助外，心理学工作者开通了灾区心理咨询电话、建立了灾后心理援助网站、出版了心理自救手册，并在灾区长期建立了心理咨询站。

直到现在，心理学家还持续关注着汶川地震后群众的心理问题。他们有的驻扎在汶川，随时解决灾民的困惑；有的定期到灾区进行心理调查，及时发现问题、解决问题；有的在进行灾后心理辅导的理论研究，为心理重建提供科学的方法。总之，心理学家们通过不同的方式为重建灾区"心理家园"努力着。

奥妙之旅第四站：你的内心

我是谁？

心理学是一个充满奥妙的学科，然而要领悟心理学的奥妙并不难，关键就在于认识自我。因为心理学是研究我们人类自身发展规律的学科。我们每个人都应该问自己几个问题"我是谁？""我从哪里来？""要到哪里去呢？"

对于了解自我而言，著名的“斯芬克斯之谜”提供了最好的佐证。斯芬克斯是希腊神话中一个长着狮子躯干、女人头面的有翅膀的怪兽。她坐在悬崖上，向过路人出一个谜语：“什么东西早晨用四条腿走路，中午用两条腿走路，晚上用三条腿走路?”如果路人猜不出，就会被害死。据说，他吃掉了很多人，直到英雄俄狄浦斯给出了谜底是“人”。他解释说：“在生命的早晨，人是一个娇嫩的婴儿，用四肢爬行。到了中午，也就是人的青壮年时期，他用两只脚走路。到了晚年，他是那样老迈无力，以至于他不得不借助拐杖的扶持，作为第三只脚”。斯芬克斯听了答案，就大叫了一声，从悬崖上跳下去摔死了。斯芬克斯之谜，其实就是人的谜、人的生命之谜。

认识自我是我们一生中都需要做的事情。我们从呱呱坠地到现在十多年，身体和心理都发生着变化。我们的身体变得更高大更有力量，不需要父母时时刻刻在身边照顾；我们能感知到自己的存在，知道自己的样子，明白自己的喜怒哀乐；我们知道自己的名字、性别、个性，能够主动学习科学文化知识，能够为自己的理想奋斗。只有正确认识自我，才能更好地运用心理学规律提升自我。比如说，我们要知道自己的优缺点，扬长避短，培养自己的优良品德；我们要知道自己的记忆、智力和性格的特点，采用合适的方法提高自己的能力；我们要知道自己喜欢什么、能做什么，才能给自己树立目标，为之付出努力。

以上几个例子充分说明了心理学与我们日常生活的关系，不管是在学校里、在军事管理中、在灾难发生时、在自我成长的路上，心理学都发挥着它不可或缺的力量。日常生活中许多现象背后都包含着心理学规律，只是我们没有注意到罢了。接下来的学习中，我们还会遇到更多有趣的故事，更多实用的技巧，希望你在心理学奥妙之旅中快乐多多，收获多多。

第二章　车如流水马如龙

五彩缤纷的世界

温水煮青蛙

哪个方块的颜色更深？

能尝出音乐味道的人

“栩栩如生”的三角形

是人脸还是酒杯？

形状不一的门？

阿根廷足球队队服的奥秘

五彩缤纷的世界

五彩缤纷的世界

那是一个美丽的春天早晨，我独自坐在凉亭里看书，一股淡淡的香气迎面扑来，仿佛“春之神”穿亭而过。我分得出来那是含羞树的花香。我决定去看看，于是摸索到花园的尽头，含羞树就长在篱边小路的拐弯处。在温暖的阳光照耀下，含羞树的花朵在阳光下飞舞，开满花朵的树枝几乎垂到青草上。那些美丽的花儿，只要轻轻一碰就会纷纷掉落。

这段话是海伦·凯勒在《假如给我三天光明》里描述春天繁花似锦的感觉，她在没有光明和声音的世界里创造出我们熟知的缤纷生活。作为一个正常人，我们能看见蝴蝶飞舞，能看见远处高耸入云的山，能看见父母朋友的样子；我们能听见蝉鸣鸟叫，能听见雨水敲打窗台的声音，能听见爸爸妈妈呼唤我们的名字；我们能感觉到春风拂面、秋风瑟瑟，能感觉到被针扎了刺骨的疼；我们能闻到食物的香气，尝到饭菜的美味，嗅到雨后清新；我们还能感觉到自己饿了，渴了，饱了，胀了，困了。以上种种我们在日常生活中习以为常了的现象都是感觉。

深有感触

感觉是我们对事物的直观感受，是最简单的心理活动，也是生活中最不可或缺的部分。我们饿了吃饭，冷了加衣服，热了扇扇子，这些感觉信息帮助我们进行自我调节，从而保证我们的身体处在舒适的状态；我们能看见黑板上的字，听见老师讲课，能和身边的人进行交流，这些感觉保证了我们正常的学习生活；农民种植庄稼提供粮食蔬菜水果，工人操作机器生产生活用品，天文学家观测日月星辰发现宇宙奥秘，这些人类的创造性活动都离不开感觉提供的信息。

通过感觉，我们认识自然和世界，我们自我保护、沟通无阻，学习各种知识，创造更加舒适的生活和美丽的世界。失去感觉的人生活是很艰难的，海伦·凯勒幼年发烧失去了视觉和听觉，继而失去了语言能力，她只能靠盲文阅读，只能用手感受周围的世界。她在沙利文老师的耐心指导下和顽强毅力的支撑下学会了和人们沟通，然而有很多盲聋哑人没有那么幸运，只能孤独地生活在黑暗无声的世界里。

感觉对人类非常重要，人不能没有感觉。心理学家做过一个感觉剥夺的实验，参加实验的人躺在一张舒适的床上，两只手戴上手套，不让他移动手脚，室内一片漆黑、非常安静，总之，他的所有感觉几乎都被“剥夺”了。没有了感觉的人变得不耐烦、焦躁不安，觉得非常不舒服，甚至开始精神恍惚，就算给再多的钱也不愿意继续做实验。

背后玄机

我们认识到了感觉对生活的重要性，不禁会问，这么多丰富的感觉是怎么产生的呢？事实上，人体分布着很多神经，这些神经支配着我们的眼睛、耳朵、鼻子、舌头和皮肤等感觉器官，于是，我们通过感觉器官和感觉神经把外界的光线、声音、味道、温度等信息传到大脑，这样就产生了感觉。并不是外界的每一个信息都会让我们产生感觉，我们能感觉到的东西是有一定的范围的。比如，我们看不到落在皮肤上的灰尘，也感觉不到它的重量，因为它们太小了。我们也只能听见一定大小的声音，过低或者过高的声音我们是听不见的。有些动物的听觉很灵敏，比如猫头鹰、狗，它们在人能感觉到明显的地震和海啸之前，就能听到一些地震产生的声波，并感觉到大地的微微震动，因而被认为能预知地震的来临。人的感觉能力都是有限的，但并不意味着每一个人的感觉能力都一样，生活经验和训练能使人的感觉能力在一定程度上得到提高。呼伦贝尔草原上，有经验的牧民凭嗅觉就可以判断草的营养价值，音乐家有高度精确的听觉，美术家对色彩分辨能力特别强。总之，只要我们的感官健全，通过训练，感觉能力都有很大的发展潜能。

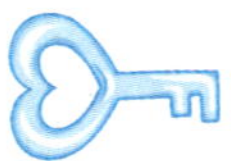

为我所用

感觉现象时时刻刻都在发生，与我们的生活息息相关，人都有追求最舒适感觉的本能。比如说，人都喜欢看长得漂亮的脸蛋，喜欢听悦耳的歌声，喜欢吃美味的东西，喜欢住舒适的房子。因此，我们需要营造一个舒适的环境使感觉处于良好状态。学生要注意仪容仪表、学校要维护校容

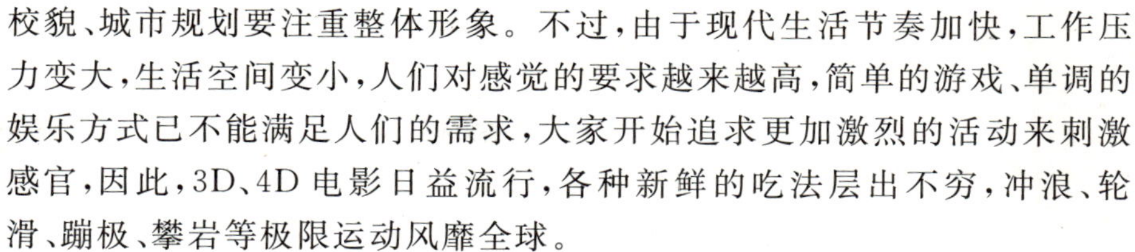

校貌、城市规划要注重整体形象。不过，由于现代生活节奏加快，工作压力变大，生活空间变小，人们对感觉的要求越来越高，简单的游戏、单调的娱乐方式已不能满足人们的需求，大家开始追求更加激烈的活动来刺激感官，因此，3D、4D电影日益流行，各种新鲜的吃法层出不穷，冲浪、轮滑、蹦极、攀岩等极限运动风靡全球。

如果海伦·凯勒生活在这个时代，给她三天光明的时间，她能看到更多美妙的东西！庆幸我们睁眼可以看见世界的生机勃勃、看到车如流水马如龙的繁华景象。善用我们的感官吧，认真对待我们看见的、听见的、感觉到的每一个事物。

妙不可言——感觉之最

最古老的感觉：嗅觉

尽管嗅觉不能占据感觉器官中的主导地位，但它却是人体最古老的感觉。许多野生动物都是依靠嗅觉生存的。它们在嗅觉引导下，寻找食物、避开危险、追逐配偶……这种原始的感觉对人类也十分有用。

最大的感觉器官：皮肤

皮肤是覆盖在人体外表的最大的感觉器官，它的面积超过1.5平方米，重量超过15公斤，大约占我们体重的16%—17%。

最常用到的感官：眼睛

人们在日常生活中得到的信息90%以上来自视觉，其次是听觉、触觉和味觉。

舌头最敏感的味道：苦

远古时候，人类生活在丛林中，以采集野果和打猎为生。植物中很多有毒物质都是苦的，为了生存，人类才进化为对苦特别敏感，这是一种自我保护的本领。

温水煮青蛙

温水煮青蛙

19世纪末美国康奈尔大学科学家做过著名的"青蛙实验"。科学家将青蛙投入已经煮沸的开水中时，青蛙因受不了突如其来的高温立即奋力从开水中跳出来得以成功逃生。同样是水煮青蛙实验，当科研人员把青蛙先放入装着温水的容器中，然后再慢慢地加热。结果就不一样了。青蛙反倒因为开始时水温舒适而悠然自得，直至发现无法忍受高温时，已经心有余而力不足了。

"温水煮青蛙"的实验给人们一个启示，在安逸舒适的环境下，人们往往忙于享乐而注意不到环境的改变，产生致命的松懈，到死都还不知何故。有人对这个实验提出质疑，认为温水中的青蛙在温度升得比较高时也会跳出来，但是，他们忽略了一个条件，就是温度要以很小的变化慢慢升高，温度升高快的话，青蛙当然能感觉到热而跳出水面求生。这个实验是有心理学依据的，那就是感觉的适应。

深有感触

感觉的适应是一个普遍的心理现象，除了温度适应，还有各种各样的适应。比如，当你去别人家时，你可能会觉得他家里有一股特殊的味道，于是，你问主人：你们家怎么有股××味？主人可能会很惊讶，他一点都没闻到。实际上，这是嗅觉适应的现象，因为他长期待在自己的家里面，已经习惯了这种味道。味觉的适应也是同样的道理，糖吃多了就不觉得甜，厨师做的饭越来越咸，长期吃麻辣的口味越来越重。有时候，连自己最喜欢吃的东西都可能觉得越来越没有味道，不如隔一段时间再吃，换换其他口味，让味道重获新鲜感。

我们都有这样的经验，从阳光明媚的室外进入电影院，开始都觉得一片漆黑，什么也看不见，要经过一段时间才能看清楚东西。从电影院出来，刚开始会觉得外面光线太亮，很耀眼，过一会才能适应。不过，眼睛适应明亮和黑暗的环境需要的时间不同，从黑暗的地方到比较亮的地方，几分钟就可以适应，但是由明亮转向黑暗，需要半个多钟头才能完全适应。因此，学校教室的采光应该充足，要是光线不足的话，学生进入教室需要很长的适应时间，对眼睛不好，也影响学习效果。

与视觉相比，听觉的适应就不太明显，但也是存在的。坐火车时铁轨发出“哐镗哐镗”的声音，一开始觉得很不舒服，时间一长似乎察觉不到了；家里的冰箱发出“嗡嗡嗡”的声音，一进厨房的时候可能听得见，过一会也就把它当成“背景音”了；甚至在机器轰鸣的工厂里，工人也能自如地工作不受到影响，但是声音过大严重影响听力，降低工厂噪音是必要的。痛觉是一种比较难适应的感觉，就算分散注意力，也还是觉得疼，因为疼痛是象征危险的信号，促使人们紧急行动，避险去害，这是生物进化的结果。祖先们生活在丛林里，与各种凶猛野兽作斗争，必须对疼痛保持高度敏感，才能时刻注意到周围的变化，逃离危险。

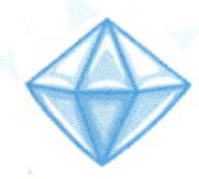

背后玄机

感觉的适应就是指，当我们接触一样东西一段时间后，感觉就不是那么灵敏了。正如温水中的青蛙，它在温水中待几分钟，就感觉水不是很热了，要是此时给水加一点点温度，青蛙会觉得水温一直没有变过。日常生活中，温度适应的现象经常发生，比如用热水泡澡时，一开始觉得水很热，三四分钟后，感觉水没有那么热了，相反，当我们游泳的时候，一下水的时候觉得水很冷，但是几分中后就不再觉得冷了。有句谚语说得好，“春捂秋冻，不生杂病”，就是告诫我们要掌握身体对温度适应的规律。春天乍暖还寒，不要急于脱掉棉衣，因为穿了几个月的棉衣，身体已经适应了冬天的气候；秋天也不要刚见冷就穿得太多，适当地捂一点或冻一点，才能适应气温的变化。

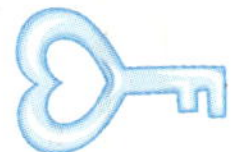

为我所用

心理学家们研究感觉适应的现象，对我们的生活有着重要意义。一方面，研究各个感觉器官的适应现象可以提高我们对人类自身的认识，解释各种现象背后的心理原因。另一方面，我们把感觉适应规律应用于生活，可以创造出更好的生活环境，并提高工作效率。比如，餐馆推出不同味道搭配的套餐，避免味觉适应食之无味；夜晚汽车驾驶室里灯光亮度调节得比较暗，这样看夜路就要亮一些。

就我们学生而言，应该正确认识到生活中感觉适应的现象，并且合理利用。比如说，在体育课上，刚开始训练的时候觉得全身酸痛，但是只要坚持训练一段时间，身体肌肉适应了紧张状态后，就不觉得痛了。另外，感觉适应对我们行为习惯的培养具有重要作用。比如说，我们长期处在一个安静整洁的教室中，就会习惯这样的环境，大家都不乱扔垃圾，保持教室的卫生，这样我们就会养成爱干净、讲卫生的习惯。相反地，长期处在一个又脏又乱的教室里，大家都不屑于打扫卫生，这样就会养成不爱干净的习惯。因此，我们应该时常反省有没有因为适应而产生了不易察觉的行为习惯，好的行为习惯我们应该继续保持，要是有不良的习惯产生，就应该立即改正。

出奇制胜——歪打才能正着

人的感觉适应能力非常强，不仅体现在对一种感觉的适应上，还表现为感觉之间的相互适应。心理学家做了一个有趣的实验来研究眼睛和手臂的适应状况，他让正常人戴上“视觉扭曲眼镜”，这样会使一个处于正前方的物体看起来向左或者是向右偏移一点。如果你戴着这样的眼镜朝你看起来在正前方的人投篮球，实际上是歪的，那个人的实际位置不在正前方。但是，只要让你多投几次，练习一下，你就能适应视觉上的偏差，准确地把球投给对面那个人，此时，正所谓必须“歪打才能正着”。事实上，你并不能准确地计算出目标偏离实际方向多少，但是你的手臂能很快地适应眼睛看到的方向，这是很不可思议的。不过，一旦你摘下眼镜，又需要练习几次才能把歪曲了的视觉信息调整回来。

哪个方块的颜色更深？

哪个方块的颜色更深？

现在我们进行一个视觉分辨能力的检测，请看下面的图片，左右两个灰色的方块，哪个颜色更深？大多数人都会觉得左边白色背景上的灰色方块更深，右边黑色背景上的灰色方块更亮。可实际上，这两个方块颜色的灰度是一样的。你可以用一个简单的方法检验一下，把一张纸卷成一个细长筒，先对准左边的灰色方块看，确保眼睛里只能看到灰色方块，然后再看右边灰色方块，你会发现图中两个方块的颜色灰度是一样的。要是你还不相信，沿着两个图的中间把书轻轻一折，将两个灰色方块凑在一块看，灰度是一模一样的。

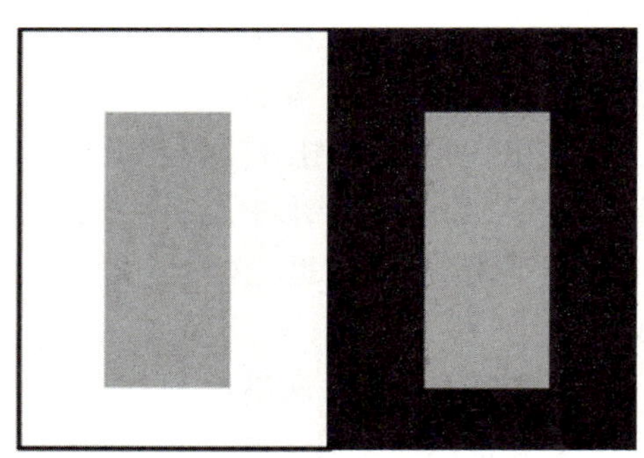

深有感触

两个颜色灰度一样的方块在不同的背景上，怎么就会“变颜色”了呢？其实这是心理学中的感觉对比现象。感觉对比是同一个感觉器官接受两种或者多种强度不同的信息而使感觉能力发生变化的现象。所谓“鲜花配绿叶”，也就是鲜花和绿叶相互衬托，使花儿更红更娇艳，叶子更绿更有生机。夜晚明月当空的时候，我们总有“月明星稀”的感觉，这是人眼对亮度对比的现象。整个夜空中，月亮离我们最近，光线最亮，其他星星从很远方传来的光线很微弱。没有月亮的时候，勉强还能看见星光闪烁，有月亮的时候，一些星星发出的微弱光线在明亮的月光的对比下，显得更弱，我们几乎看不见了。这就是有月亮的时候，星星显得比较少的原因。

两个事物先后出现也会产生感觉对比现象。你可以自己做个小实验，准备三张卡纸，红、绿、黄各一张，先盯着红色纸看几秒钟，再看黄色的纸；过一会儿，先盯着绿色纸看几秒钟，紧接着看黄纸。就会惊奇地发现，两次看黄色纸片的时候感觉颜色不一样！其他感官也有这样的对比现象，比如，吃完糖后吃橘子，觉得橘子特别酸；喝完中药后喝白开水，会觉得水有点甜；洗完热水澡再碰凉水，会觉得冰冷刺骨；刚从厕所出来会觉得外面空气特别新鲜。

背后玄机

有句话说“不怕不识货，就怕货比货”，两个东西放在一起对比，就会显得好的更好，差的更差。感觉对比也是同样的原理，灰色和白色比，显得灰色更深，白色更淡；灰色跟黑色比，显得黑色更深，灰色更淡，于是，同样的灰色在不同背景颜色的对比下，给人的感觉就不一样了。不光视觉能够产生感觉对比，听觉、味觉、触觉等感觉器官都会出现感觉对比。比如，在安静的教室里待的时间长了，刚出门时感觉校园里一片嘈杂，这是听觉感觉对比的表现；把左手放在冷水中、右手放到温水中，人们会觉得左手像放在冰水中，右手像放在烫水里，这种夸大了的感觉差距就是由温度的感觉对比造成的。

感觉对比有两种形式：同时对比和继时对比。当两个事物同时出现而引发的感觉对比现象就是同时对比，如上图中黑白背景下的灰色方块、鲜花配绿叶等；当两个事物一前一后连续出现时而诱发的感觉对比现象就是继时对比，如吃完糖后再吃橘子觉得酸、看了大城市美丽的夜景后觉得小城市夜晚暗淡无光。

为我所用

感觉对比的现象在日常生活中很常见。语文中“烘云托月”的修辞手法利用的就是对比效应，故事中对恶势力的描述是为了突出主人公的忠诚善良；歌唱舞蹈比赛中，要是不幸排在一位表现特别优秀的选手之后，往往会被认为比较差。可见，感觉对比会产生好的效果、也会造成不良的影响，因此，我们要善用感觉对比。

感觉对比的应用是一门艺术，应用得好的话，能为生活增添色彩，能达到事半功倍的效果。服装设计师非常注重颜色的对比和搭配，黑白颜色的对比就是一款经典设计；明星们代言钻石广告往往选择身穿黑色礼服，这样更能显示出钻石的璀璨；有些售货员就懂得利用消费者对比的心理，先让消费者看一些次一点的商品，再介绍好一点的商品，消费者就会觉得后者更好，心里乐滋滋地买下东西。然而，如果感觉对比用在不好的地方，就需要我们改正了。比如，班上有同学穿了一件非常漂亮的衣服，相比之下，自己的衣服变丑了。我们要明白，并不是自己的衣服真的丑，这只是感觉对比产生的心理。这时，我们就不要刻意跟同学对比，避免产生和同学攀比的情况。

奇思妙想——怎样把月亮画得皎洁逼真？

下图是一幅中国水墨画，一轮明月挂在漆黑的夜空中，仿佛皎洁的月光正倾泻下来，惟妙惟肖。实际上，画家只是用淡墨在月亮的周围绘出月空的阴影，但我们的眼睛却觉得月亮十分明亮，而月空很黑暗。这是为什么呢？

这就是亮度对比在绘画中的应用，同学们可以在画画时采用颜色对比、明暗对比等方法，让绘画更加生动。

（来源于彭聃龄，2004年版《普通心理学》，105页）

能尝出音乐味道的人

能尝出音乐味道的人

瑞士奇女子16岁开始用味觉、视觉识音，能尝出8个音阶的8种味道。这位27岁的音乐家E.S.在听到不同的音符时眼前就会出现不同的颜色，比如说，当她听到F调时，她能看到紫罗兰色，当她听到C调时，她能看到红色。第二小调让E.S.“尝”到的是酸味，而第二大调却给她带来苦涩的感觉；第三小调是咸味的，而第三大调则是甜的；第四调有干草的味道，而三全音有令人作呕的味道；第六小调是奶酪的味道，第六大调为低脂奶酪的味道；第七小调感觉很苦，第七大调很酸，而八度音阶却淡然无味。

深有感触

美国科学家理查德·西托威克在他的《尝出形状味道的人》一书中说：“在潜能上，每一个人都能体验‘联觉’的感受，而唯一的困难在于将这种感觉上升到我们能察觉的层面。”联觉，是指一种感觉引起了另外一种感觉。生活中人们常说“甜蜜的声音”、“冰冷的脸色”等等，都是联觉现象。最常见的联觉是“视一听联觉”，即对进入视野的景象能引起相应的听觉，现代的“彩色音乐”就是这一原理的运用。彩色音乐通过旋律、节奏、和声、音色的变化产生一种声音的色彩感，借助这些色彩的交织给人心理上的享受。“颜色一温度联觉”，就是颜色能够产生温度的感觉。红色让人感觉温暖甚至是炎热，蓝色、绿色则让人觉得凉快，因此红、橙、黄色被称作暖色，蓝、青、绿色等颜色被称作冷色。此外还有“颜色一重量联觉”，即色觉引起重量的感受，不同颜色给人引起的“重量感”不同。颜色按“重量”从大到小排列成如下顺序：黑、红、蓝、绿、橙、黄、白。如果你不信，不妨做一下这样的试验：将同样重量的两份东西分装于两个盒子中，再将一个盒子用白纸包封，另一个用黑纸包封，用手掂量掂量，你一定会觉得用黑纸包封的盒子要重一些。

背后玄机

普通人在听到音乐后，只有听觉会产生反应，但是对于“联觉”能力强的人来说，音乐不仅唤醒了他们的听觉，还能唤醒味觉等其他感觉。像文中提到的女子一样有联觉功能的人很多，一些人“听”出了形状，一些人“看”到了声音，另一些人可以“摸”到色彩，或者“嗅”出形状。著名小说家纳博科夫也具有很强的联觉能力，字母“b”会使他看见红褐色，字母“t”则是绿色。每个人都会有联觉，只是程度不同。

人为什么会产生如此神奇的联觉呢？心理学家早在18世纪就进行了大量研究。联觉是一种真实的感觉，并不是人们的虚假记忆或者是幻觉，并且能保持很长时间。产生这个现象是因为人类大脑中特定的一个地方负责特定的感觉，有的负责听觉、有的负责视觉、有的负责嗅觉等等。但是，两种负责不同信息的大脑区域可能会融合，于是就会看见有颜色的音符，听见土豆的味道。

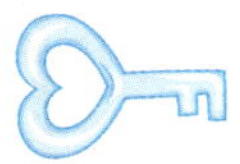

为我所用

你可以想象一下，如果声音能用视觉感知，而味道能用听觉感知，那将是什么样的情景？我们的生活肯定是另外一番景象，毋庸置疑，充分利用联觉会带给我们更多奇妙的体验。人们在绘画、建筑、环境布置、图案设计等活动中经常利用联觉现象以增强相应的效果。现代家庭用具常采用淡而亮的颜色，给人产生轻巧的感觉；装修房子的时候，天花板通常都是白色，地板都是深色，这样能给人安稳的感觉；香水广告采用特殊的颜色搭配使人感觉到香水的味道。联觉还被许多艺术家用做一种创作手段。看一幅好的画，能使人产生丰富的感觉，“看到精彩的山水画，会听到流水声和空山鸟鸣；注视一幅表达思念的画良久，在极度寂静中会听到轻轻的叹息声”。

并不是每个人都能像这位瑞士奇女子一样产生很强的联觉能力，但是研究表明，在一个领域研究深入的话，就能产生与研究内容相关的很强的联觉，E. S. 本身是名音乐家，她对音乐研究深入，能看到彩色音调也是可以理解的。因此，我们在日常生活中应该认真体会学习到的东西，唤醒联觉的潜能，一方面能更好地享受生活，另一方面能产生更多的创造性灵感。

妙笔点睛——联觉与特异功能

联觉是指一种感觉引起了另外一种感觉。两种或者多种感觉是同时存在的，并且联觉产生的原因是明确的，即负责不同感觉的脑区融合导致联觉产生。一般人都能产生一定程度的联觉，然而特异功能是人类潜在能量的一种体现，现在科学尚难给予合理、完善的解释，有特异功能的人很少。比如，有特异功能的人可以感知到正常人感知不到的事物或信息，能够用意念移动物体等。可见，联觉并不是特异功能。

"栩栩如生"的三角形

请仔细观察这幅图片，你看到一个白色的三角形了吗？

在上幅图中，我们看到的这个三角形并不是由实实在在的线条组成的，只是因为我们在观察这幅图时，不是孤立地去看正方形、三角形，而是将这几个图形组合在一起。这就是知觉的整体性。

深有感触

当我们在看待某一事物时，往往带着我们自身拥有的知识和经验去补充认识这一事物，如刚刚看到的那幅图画一样，我们会根据自己以前学习到的知识经验对这幅画进行补充，这样我们就可以看见一个完整的三角形了。知觉的整体性是广泛存在于我们的生活和学习中的。某一事物可以分为整体和部分两部分，部分依赖于整体。

下面，让我们一起来发挥一下想象力吧，猜猜下面描述的画面讲的是什么故事？

第一幅画：一个身穿运动服，正在奔跑的男子。

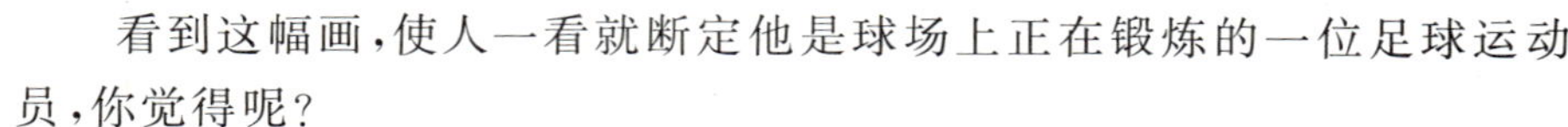

看到这幅画，使人一看就断定他是球场上正在锻炼的一位足球运动员，你觉得呢？

第二幅画：在那个奔跑的男子的前方，有一位惊慌奔逃的姑娘。

这时被断定是一幅坏人追逐姑娘的画面，你认为呢？

第三幅画：在两个奔跑的行人后面，是一头刚从动物园里逃跑出来的狮子。

看完了这三幅画，同学们都会恍然大悟，原来运动员和年轻姑娘是为了躲避狮子在拼命地奔跑。通过这个小测试，我们发现如果离开了整体情境，离开了各部分的相互关系，每一幅图画也就失去了它确定的意义。

背后玄机

不是什么事物我们都会将它们联系到一起，只有当某些事物符合一定规律后，我们才会把它们当做一个整体。下面我们介绍几种事物组合到一起的规律。

（1）距离较近而毗邻的两线，自然而然地组合起来成为一个整体，如图所示。

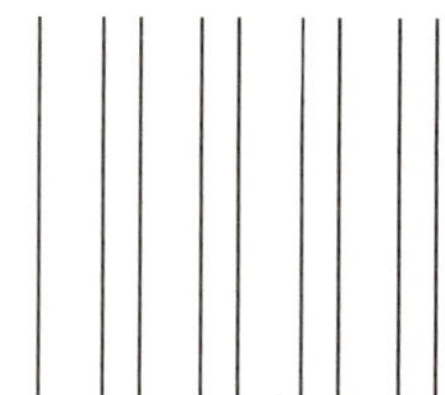

（2）彼此相属的部分，容易组合成整体，反之，彼此不相属的部分，则容易被隔离开来。如图所示，图中有 12 个圆圈排成一个椭圆形，旁边还有一个圆圈，我们会把这 12 个圆圈作为一个完整的整体，而把单独一个圆圈作为另一个整体。

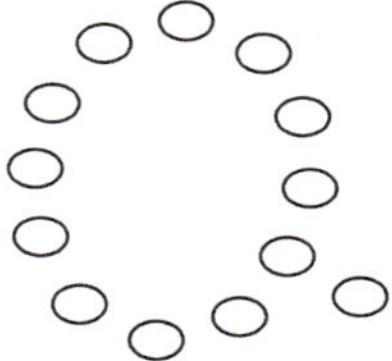

（3）如果各部分的距离相等，但它的颜色有异，那么颜色相同的部分

就自然组合成为整体。如图所示,O代表白色,●代表黑色,我们容易将该图看成一列一列的竖线,而非以横线排列。

○ ● ○ ● ○ ●
○ ● ○ ● ○ ●
○ ● ○ ● ○ ●
○ ● ○ ● ○ ●
○ ● ○ ● ○ ●
○ ● ○ ● ○ ●

看完上面的几幅图,发现将一些事物组合成整体是有一定规律的,当我们用心去观察时就会发现这些规律。

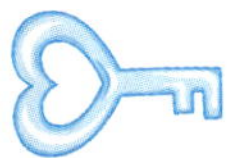

为我所用

生活中,相比细节,我们往往会重视整体的作用。试着回想一下,当你进入朋友家时,是先看房子的整体大小、布局和构造,还是看房间里的家具摆设呢？当你遇到一个陌生人,是先看身高、服装搭配,还是先看眼睛大小、有没有戴眼镜呢？这些表明我们在观察一个事物的时候总是先观察整体再观察细节。因此,复习功课时,我们首先需要建立一个大的知识框架,然后对框架里的每一个知识点进行扩充,这样就会形成一个很大的知识结构,便于我们记忆;同样,考试的时候,当试卷发下来后,我们要先大体浏览一下试卷,帮助我们对所考知识点有个粗略的了解,接着再一题一题地进行解答,这样我们就会很快地提取出后面即将考到的知识点。

妙趣横生——你看到了什么?

很明显是一匹奔驰的骏马,原来我们会不由自主地把不连贯的有缺口的图形看成是一个整体,而不是将他们当作是独立的色块。

是人脸还是酒杯？

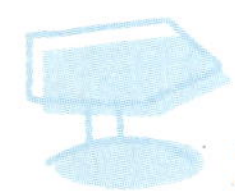

是人脸还是酒杯？

看看下面的这幅图，你看到了什么？

看到这幅图后，有的同学说是人脸，而有的同学却说是酒杯，为什么会出现这样的情况呢？原来你把白色作为主体，黑色作为背景，那么你看到的就是酒杯；如果你把黑色作为主体，白色作为背景，那么你看到的就是人脸。不管看到是人脸还是酒杯，这时候就需要我们对知觉的选择性。

深有感触

我们常常钦佩和感叹艺术家、音乐家、作家的创作富于个性，他们的作品给人以精神的享受和心灵的冲击。这里所说的个性，就是他们看到了我们大众普遍没有看到的事物，他们捕捉到了事物特殊性，并且恰当地表现了出来，这从另一个侧面来说就是知觉的选择性。我们生活在一个纷繁多样的世界中，不可能在瞬间感知到所有的事物，这时候我们会根据自己的需要或者目的，主动并且有意地选择少数事物（或者事物的某一部分）作为我们感知的对象。有些时候，我们感知的事物需要从背景中提取出来，比如在安静的教室里，老师即使用很低的声音讲课，我们也能听清楚；相反，如果教室噪音很大，那么老师即使用很大的声音讲课，我们都不一定能听清楚。我们能听见声音,不仅仅取决于你听到声音的强度,还取决于这个声音所处的环境。我们感知到的事物受到它们自身的特点影响,比如你在上课时开小差,听不到老师讲课的内容,但是当老师突然叫到你的名字让你回答问题时,你却可以听到,立马站起来,但是当老师问到你需要回答的问题时,你就蒙了。因为对于自己的名字,我们比较熟悉,就会不由自主地对它产生鲜明、清晰的印象,相反我们会把自己不感兴趣的事物当成背景,只产生比较模糊的印象。

背后玄机

我们注意到某事物时,必须依赖两个条件:一是,你注意的事物与这个事物所处的环境差异比较大,比如老师用白色的粉笔写在黑色的黑板上,形成强烈的反差,这样你就注意到了老师所写的内容;相反,士兵身穿黄、绿、褐三色组成的迷彩服隐藏在树丛中,由于衣服与自然环境的颜色非常相似,这样就不会被敌人发现。二是,我们注意的方向。当你注意到某个事物的时候,这个事物自然而然就成为了你注意的主体,其他事物就成为了背景。比如老师带来了色彩鲜艳的地球仪,这时候的你就会不由自主地被吸引。一般来说,我们在选择自己学习的事物时,不仅受到学习事物的影响还会受到我们自身的影响,比如兴趣、态度、爱好、情绪、经验、观察能力或分析能力等。班上有一些同学严重"偏科",就是因为他们受到自己兴趣的影响,只对自己感兴趣的科目用心,忽视自己不感兴趣的科目。

为我所用

知觉的选择性应用是非常广泛的。比如在表演舞台上,将光柱照射到某个主角身上,就是为了吸引观众的注意。道路上的施工人员或者清洁人员穿着色彩鲜艳的工作服,以引起过往车辆的注意。学校里,大幅醒目的标语总是先被人注意到。很多著名的画也是根据知觉的选择性来画的,如下图所示,这是木雕艺术家艾契尔的一幅著名木刻画(1938),主题为《黎明与黄昏》,假如从图的左侧看起,我们看到的是一群黑鸟离巢的黎明景象,若从右侧看起,看到的则是一群白鸟归林的黄昏景象。

妙趣横生——你看到了什么?

(1)

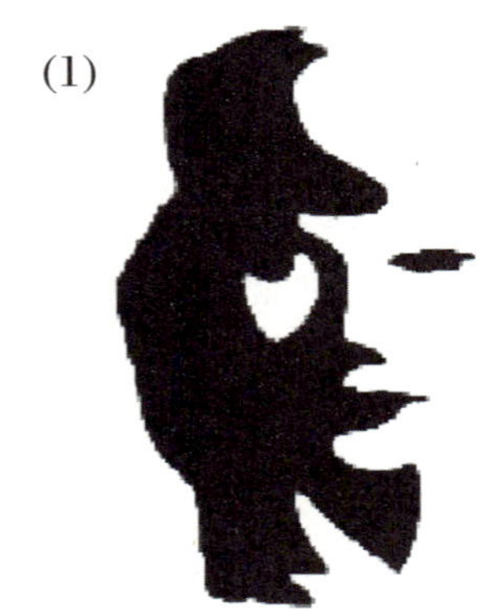

(2)

形状不一的门？

形状不一的门？

想象一下一扇门从关闭到敞开，它是什么形状的？再看看下面这幅图，跟你想的一样吗？

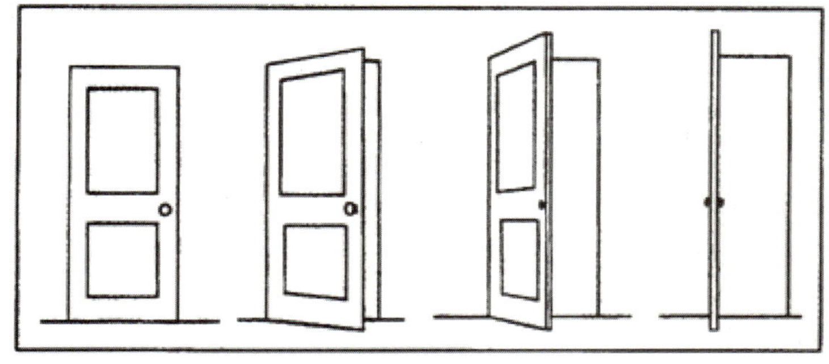

生活中，一扇门从关闭到敞开，尽管这扇门在我们视网膜上的图像（如上图）是不一样的，但我们仍然可以肯定地说门是长方形的。

深有感触

当我们从不同角度观察同一物体时，物体在网膜上投射的形状是不断变化的。但是我们却觉得这物体没有多大的变化。比如达·芬奇从不同角度观察鸡蛋，画出的鸡蛋各具形态、惟妙惟肖，虽然从不同角度观察，形状不同，但是在我们头脑中，都知道鸡蛋是椭圆形的。上面图画中虽然一扇门从关闭到敞开都是不同的，但我们仍然感知到那是长方形的门。这就是形状恒常性。

当我们从不同距离观看一个物体时，物体在网膜上成像的大小也是不断变化的。例如，一个人从我们面前走向教室后门，我们通过眼睛看到的是他越来越小，可是我们仍然认为他是没有变化的，这就是大小恒常性。

在照明条件改变的情况下，物体的明度或者亮度都保持不变，比如，白纸在阳光或者月色下看，都是白色的；煤炭在阳光或者月色下看，仍然是黑色的。强烈的阳光下，煤块反射的光的亮度远远大于晚上白纸反射的光的亮度，但是煤块不会因此被看做是白煤，白纸也不会被看成是黑纸，这就是明度恒常性。

一个有颜色的物体在色光照明下，它的表面颜色不受色光照明影响，而是保持相对不变，比如我们用红光照射白色的物体，我们看到的是红光照射下的白色物体，而不是红色物体，这就是颜色恒常性。生活中，我们往往对一些特定的事物失去了颜色的想象力，比如天空永远都是蓝色的，云朵永远都是白色的，这些对颜色的固定，会限制我们的想象力。

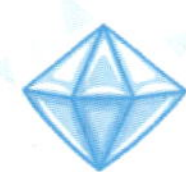

背后玄机

我们生活的世界时时刻刻都在变化着，我们看到的物体有的时候离我们近，有的时候离我们远；有的时候就在我们面前，有的时候在我们两侧；有的时候在阳光下，有的时候在阴影下。在这种不断变化的条件下，我们如何对它们保持一致的正确的看法呢？我们对事物保持一致看法的这种稳定性称为知觉的恒常性。从视觉方面看，物体的形状、大小、颜色、明度都是保持不变的。

我们对物体保持的恒常性往往会受到周围环境的影响，如参照物提供的物体距离、方位和照明条件。这些信息帮助我们建立恒常性，一旦这些信息不存在了，那么，我们的恒常性就会受到破坏。

看看下面的这张图，你看出了什么吗？

（1）

（2）

图1中，我们与后一个人的距离是前面一个人的距离的3倍，后一个人在我们视网膜上的投影应该是前一个人的三分之一，可是由于恒常性的存在，我们发现这两个人看上去大小差不多。现在看图2，当我们将后一个人的图片剪下来贴在前一个人的旁边，我们发现两个人的大小有很大的差别，这就是因为没有了距离，我们才会发现这样的区别。

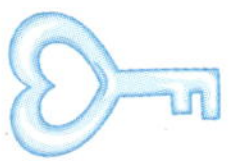

为我所用

恒常性对于人们的正常生活和工作有重要意义，如果没有恒常性，我们感知的事物随着客观条件的变化时刻变化(如一个人离我们远了，我们就认为这个人变小了)，那么我们的生活该受到多大的影响啊(如裁缝都不知道我们穿多大的衣服了)！上面我们列举了生活中很多的恒常性，比如形状恒常性、颜色恒常性、大小恒常性、明度恒常性，这些告诉我们，平时我们看到的事物与我们头脑中、书中所学到的有时候是不一样的，这时候就需要我们好好用心地去观察事物，根据自己与他人的经验认真分析，不要被事物的表象所欺骗。

妙趣横生

——我们什么时候知道了形状？什么时候知道了大小？什么时候学会了分辨颜色？

当婴儿3个月大时就具有了分辨简单形状的能力，在8、9个月以前就获得了形状恒常性；在4个月时已明确具有大小恒常性；6个月以前有了分辨大小的能力，估计物体大小的能力随年龄而增长；在婴儿4个月时，已经表现出对某种颜色的偏爱，1岁以后的孩子可以正确地辨认红、黄、蓝、绿等基本颜色，4岁基本就可以正确地辨别颜色了。

阿根廷足球队队服的奥秘

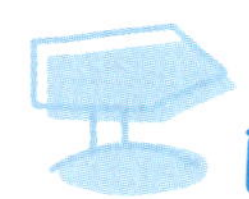

阿根廷足球队队服的奥秘

阿根廷足球队的竖条斑马线队服在世界各国足球队队服中是很有特色的。队员们穿着这样的队服各个显得十分潇洒，身材更是令人羡慕不已。你们知道服装设计师为什么这样设计吗？

我们先来看下面这两幅图：

两个正方形，你觉得哪个小呢？

我相信很多同学的回答是左边的正方形看起来要小一些，瘦一些。因为横向的线条，会把人的目光引向左右，这样人的身材就会显得更丰满；相反，竖向的线条，把人的目光引向上下，这样人的身材就显得更苗条些，阿根廷足球队的球服就是采用这种设计使得穿上球服的队员帅气苗条。这就是错觉。

深有感触

错觉在生活中的应用是非常广泛的。你有没有发现当不同颜色的盘子里装着同样的蔬菜时，你会觉得它们的味道不同。日本三叶咖啡店的老板发现原来不同的颜色会使人产生不同的感觉，但选用什么颜色的咖啡杯最好哪？于是他做了一个有趣的实验：他邀请了 30 多人，每人各喝四杯浓度相同的咖啡，四个咖啡杯分别是红色、咖啡色、黄色和青色。最后得出结论：几乎所有的人都认为使用红色杯子的咖啡调得太浓了，使用咖啡色杯子认为太浓的人数约有三分之二，使用黄色杯子的感觉是浓度正好，而使用青色杯子的都觉得太淡了。从此以后，三叶咖啡店一律改用红色杯子盛咖啡。这样老板不仅节约了成本，还提升了顾客对咖啡质量和口味的满意度。同学们，回家可以找一找用什么颜色的盘子可以让你觉得蔬菜尝起来很美味。

背后玄机

错觉是在特定条件下产生的对客观事物的歪曲知觉，简单地说就是人们在观察物体时，由于物体受到形、光、色的干扰，加上人们的生理、心理的原因而误认物象的一种现象。生活中常见的错觉很多，大多发生在视觉方面，如阿根廷球服的设计，也可以发生在其他知觉方面。如当你掂量一公斤棉花和一公斤铁块时，你会感到铁块重，这是形重错觉。当你坐在正在开着的火车上，看车窗外的树木时，感觉到的是树木在移动，这是运动错觉等等。

与错觉容易混淆起来的是幻觉。幻觉，是在没有现实刺激作用于感觉器官的情况下所出现的一种体验。幻觉，是一种虚幻的知觉。幻觉和错觉的主要区别在于，幻觉产生时，并没有客观刺激作用于我们的感觉器官上；而错觉的产生，不仅当时必须要有客观刺激作用于我们的感觉器官上，而且我们感知到的事物与刺激是一致的。在通常的情况下，人人都可以看到错觉；而幻觉，则多见于精神病患者。

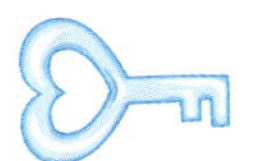

为我所用

错觉虽然奇怪但是并不神秘，了解研究错觉有助于人们揭示各种规律。一方面，它有助于消除错觉对我们活动的不利影响。比如，美国科罗拉多大峡谷有一段 U 形公路，小汽车频频在那里驶入 2300 米下的悬崖。令人奇怪的是，事故发生时间均在上午 10 时 30 分至中午 12 时之间，而驶下悬崖时小汽车不但没踩刹车，反而加大油门，因此该段公路被当地人称为“魔鬼公路”。为什么会频频发生惨案呢？原来“魔鬼公路”的高低不平使得司机的视线只能看见断崖的那一边，把断崖两边的公路看为一条公路。即使看到悬崖，那时也已经到了悬崖边，再踩刹车已经来不及了，才造成了这些悲剧。可是为什么没有人看到护栏呢？因为在 10 时 30 分到12时，护栏前端受太阳光照射，而护栏后部分是阴影，且因为前面公路是黑的，司机就看不到护栏，也看不到悬崖，直冲向悬崖造成惨剧。由于视觉的误差，引起了严重的交通事故。当了解到真相后，我们就可以采取有效地方法来消除错觉，避免事故的发生。

另一方面，我们可以利用某些错觉为人类服务。例如，从玻璃橱窗看一家房顶悬挂各种灯具的商店时，你被连成一片、璀璨夺目的各式各样的灯具所吸引，进去后才发现这个商店并不大，只是由于周围全镶上了镜子，从房顶延伸下来，使整个店堂好像增加了一倍的面积，同时使得屋顶上悬挂的灯具也陡然增加了一半，显得丰盛繁多，给人以目不暇接之感。这就是空间错觉在商业中的妙用。我们平时看到的舞台，都是设计师利用戏剧布景、服装、舞台灯光、演员化妆等方面的视错觉来增强鲜明性的。

匪夷所思

(1)正方形和圆形变形了吗？

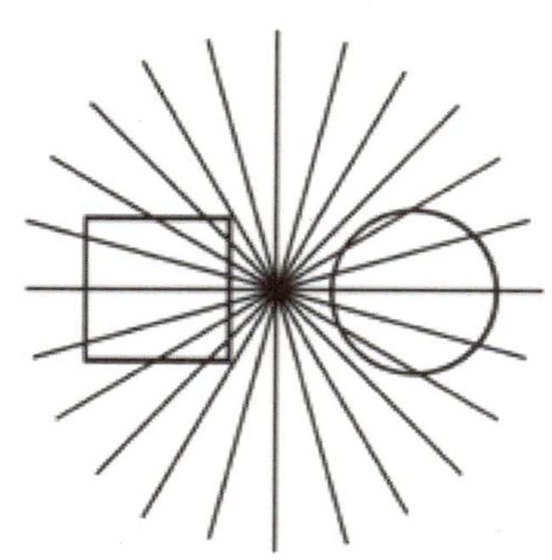

不同的几何图形(如圆形、方形、三角形等)放在线条背景上，结果发现这些形状看上去都会变形，这就是形状错觉。

(2)两个圆一样大吗？

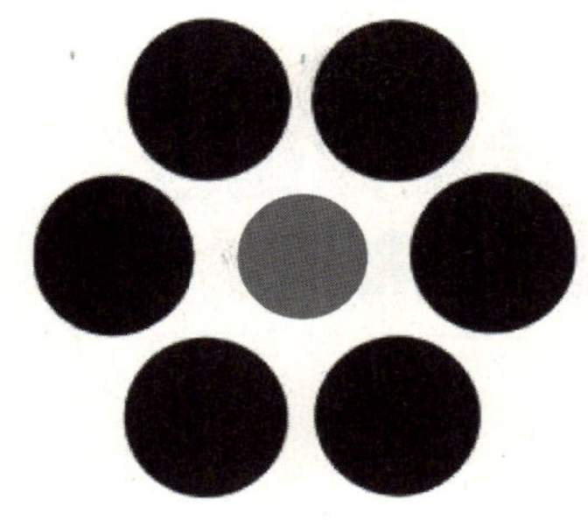

两个面积相等的圆形，一个在大圆的包围中就会显得小。

出奇制胜

前面文中提到的魔鬼公路，你能想到解决方案吗？比如 10 时 30 分到 12 时禁止车辆通行，或者在快要加速处设立交警台，你还有更好的办法吗？

第三章　注意是调台，意识是内容

鸡尾酒会效应

看不见的大猩猩

有没有人会“盗”走你的梦？

你有没有被催眠？

抢眼球的广告

一节课多长时间更合适？

转移一下注意力

你能一手画方一手画圆吗？

鸡尾酒会效应

鸡尾酒会效应

假如你去参加一个同学的生日宴会，现场非常热闹，有音乐声、谈话声、脚步声、杯子的碰撞声，一片嘈杂。你可能有过这样的感受：当有人跟你说话时，你的注意集中在谈话内容上，能与人顺利交谈，而对周围的吵闹的声音充耳不闻。若在另一处有人叫你的名字或者是提到你的名字，你会立即有所反应，或者朝声音传来的方向望去。这种将注意力集中于一个事物上，忽略其他无关的信息，但是对自己的名字等熟悉的事物能迅速反应的现象就是鸡尾酒会效应。这种现象常见于鸡尾酒会上，由此得名。

在心理学中，鸡尾酒会效应说明了人意识的不同状态。意识是一个古老而又难解的谜，我们对它很熟悉却又难以给出一个准确的解释。

深有感触

意识伴随我们走过每一天，人没有意识也就没有生命了。每天从睁开眼睛，我们看到的、听到的、感觉到的、想到的、说出来、写下的东西都是意识的内容，甚至睡觉、做梦都是不同状态的意识。简单说来，意识是对自己心理活动、身体状况，以及身处环境变化的觉知。具体说来，意识就是观察到正在发生的事情，比如说同桌穿了件新衣服，英语老师对你作文的评价，从 MP3 里面传来优美的音乐；意识就是知道自己的状态，比如说，和家人团聚觉得非常幸福，没有吃早饭觉得非常饿，生病了觉得嗓子疼、头晕等；意识就是对时间和空间的认识，知道现在是哪年哪月，知道昨天发生的事情，知道自己正在教室上课，知道自己回家的路。

意识是一种高级的心理功能，对自己的身心系统有着调节作用，并不只是对外界信息的被动察觉。也就是说，意识能够监督我们做的事情，比如，知道自己英语成绩不好，就主动问老师不懂的问题；化学课上，想知道氧气是怎么产生的，就动手做做实验。

意识是一种心理状态，分为不同的层次和水平，如从无意识到意识再到注意是一个连续体。有些人在想问题的时候有抓头发、咬指甲的行为就是无意识的动作；上文提到的鸡尾酒效应，能够不自觉地听到别人叫自己的名字就是潜意识的作用；主动选择早上穿什么衣服就是我们能意识到的事情；睡觉、做梦、催眠，是几种特殊的意识。

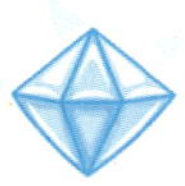

背后玄机

早在亚里士多德的年代，人们就在思考意识是如何产生的，但受限于科学水平的发展，一直没有比较统一的答案。直到近代脑科学研究的兴起，心理学家才渐渐揭开了意识的面纱。如下图所示，人们意识到一只狗的过程是：首先人们通过感觉器官注意到一个物体，物体形象传输到大脑的特定部分，然后大脑将这个形象与之前的经验进行整合，察觉到这是一条小狗。当注意力集中在小狗身上时，周围的花草树木就被忽略了。

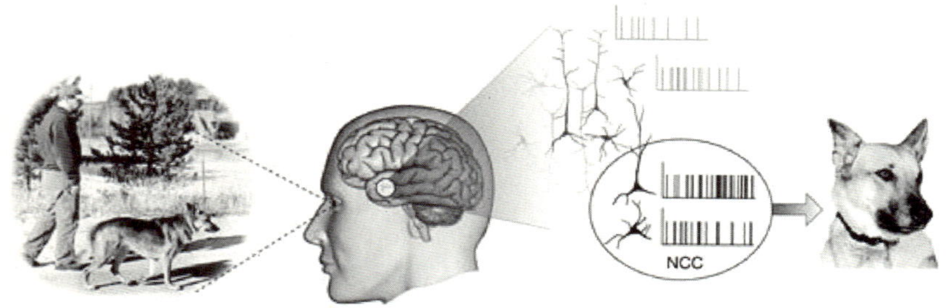

鸡尾酒会上，“注意”使我们将精力集中在和朋友的谈话上而忽略了周围嘈杂的环境。注意是意识最清晰的状态，是意识的注视点。注意力愈集中，则注视点周围事件的清晰度将愈低。如同我们看电视，“注意”相当于选定看哪个频道，而“意识”就是反映了那个频道播放的内容，其他没有被选中的频道在播放什么就不得而知了。

为我所用

意识是人特有的现象，使人的心理区别于动物心理。人的意识丰富而深刻，具有能动性和创造性。意识的能动性是指人们能够按照自己的目的去计划安排事物，利用、支配和控制已有的资源。比如我国的“南水北调”工程。我国南方经常出现洪灾，而北方干旱缺水，为了解决这些问题，人们通过能动的意识作用，将南方多余的水资源引到北方，大大缓解了北方水资源严重短缺的问题，促进南北方经济发展。意识能超越时间，打破空间的限制，与广阔无垠、丰富多彩的信息相联系。霍金进行黑洞研究都是意识能动性的体现，从我国古代的四大发明，到现代形形色色生活用品的问世，都是人类意识创造性的功劳。

作为学生，我们应该应用意识的能动性和创造性，提高自我，贡献社会。在学习上，我们要树立主动学习的信心，主动思考、主动发问，培养自己的创新意识；在生活上，我们应该树立正确的人生目标，有意识地培养良好的生活习惯，为自己的理想奋斗。

奇思妙想——动物有没有意识？

意识是区分人类和动物的一个标准，我们认为动物有心理活动，但没有意识，因为意识是人类特有的现象。然而，动物不会说话，无法为自己是否有意识进行辩解。随着科技的发展，人类是不是可以培养出有“意识”的动物呢？如同科幻电影《猩球崛起》，猩猩在药物作用下能与人类对抗。你认为这样的事情可不可能发生？大家可以各抒己见，讨论一下动物会不会有意识这个问题。

看不见的大猩猩

看不见的大猩猩

1999 年，美国伊利诺伊大学心理学家丹尼尔·西蒙斯与同事进行一项有趣的实验，他们让志愿者看一段打篮球的视频，要求志愿者数出三名穿白衣者的传球次数，而无需理会另外三名着黑衣者。

那些人传球时，一个穿黑色毛茸茸外套、打扮成大猩猩模样的人走进他们中间，面对镜头捶打胸膛，在镜头前停留 9 秒后走开。（如图所示大猩猩的模样）

视频播完后，一半志愿者回答没看见“大猩猩”上场。

从这个“看不见的大猩猩”实验中，研究人员得出结论：人把注意力集中在某事物上时，会对意想不到的事物视而不见，如实验中出现形象夸张怪异、捶胸顿足的大猩猩，人们也没看见。这种“视而不见，充耳不闻”的现象是心理学中的无意识。

深有感触

无意识是一个比意识更复杂，更难以理解的概念。所谓无意识，就是“未被意识到”的意识，是人没有察觉到的各种心理现象的总称。有同学可能就纳闷了，既然是“没有被意识到”的意识，又很复杂，我们就没有必要了解了啊！暂且不要急于下结论，我们来回忆一下日常生活，看看无意识到底有没有研究的必要。

想想小时候爸妈是不是教过你记住回家的路？你自己也会忙碌地去记住沿途的一些标志性的东西，如电线杆、商店、招牌、十字路口的样子。可是等到你稍大一点的时候，不论是去学校还是回家，你再也不会边走边用心去记沿途的标志，两条腿仿佛长上了眼睛似的，到了该拐弯时便拐弯，不知不觉就到达目的地了。这种不知不觉认出回家或到学校路线的心理学活动，就是无意识的现象。这样的例子还有很多，比如说，你骑单车的时候可以毫无困难地想事情或者与朋友交谈，不用注意如何维持车的平衡；吃饭的时候，你也不用想怎么使用筷子去夹东西；写字的时候也不用想怎么握笔；思考问题的时候不自觉地抖动双腿或者转笔。这些日常生活中司空见惯的现象都是动作习惯化后的无意识行为。

想想你有没有这样的经历：对面的人明明是李某，当你喊出口的时候却变成张某了。李某这时候就会借机嘲笑你说，想张某了吧！李某这样说不是没有道理的，这种口误、笔误、想说的事情到舌头尖却被忘记的现象，都是无意识内容的零星闪现。

总之，无意识现象在生活中比比皆是，如同著名的心理学家弗洛伊德所说，人的心理组成就像一座冰山，露出水面的是意识，隐藏在水里的是无意识。意识仅仅只是一小部分，绝大部分无意识隐藏在水下，对意识产生很大的影响。因而，研究无意识是很有必要的。

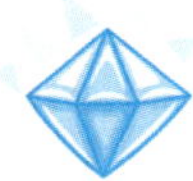

背后玄机

人为什么会有无意识，无意识是怎么影响我们生活的呢？最基本的，人的感官和大脑的注意力都是有限的，为了保证工作效率，我们需要把精力用在重要的事件上，其他事件就处于无意识中了。“看不见的大猩猩”的实验中，要求人们数穿白色衣服队员传球的个数，为了保证完成任务，黑色队员和其他事物就处于无意识中了。同样也是为了提高效率，人们对某些动作强加练习，达到熟练的程度后，就可以投入很少的精力甚至不用投入精力在上面了，比如骑车、使用筷子、握笔等，这样，就可以把精力用在其他复杂的事情上。另外，人们会把一些痛苦的经历、不愿意面对的事情隐藏在潜意识中（这个过程是不自觉的），这样可以减少痛苦。比如，经历过地震伤害的人可能不记得当时的情景了，这样他们就不会总是想起那些场景而感到痛苦。当然，将痛苦主动“藏”起来的办法不能解决根本问题，只能起到暂时的保护作用，遇到类似的问题需要找老师父母或者心理专家进行辅导。

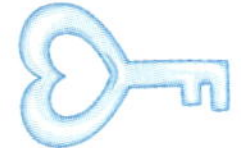

为我所用

了解了无意识是什么、怎么产生无意识后，我们就会明白，应该避免无意识不好的一面，而善用它好的一面。试想，你跟朋友在逛街，看见自己喜欢的衣服目不转睛地盯着，想象自己穿这衣服多好看。这时一个小偷走近你，开始对你动手，你却一点反应都没有，悲剧就发生了。在这种复杂的场合，我们应该多长个心眼，让“意识”多警惕周围。另一方面，生活或者学习中一些看似不重要的小事情可以通过无意识对我们的行为产生“潜移默化”的影响。比如老师不经意的一个微笑就可以让自己充满信心，身处在一个积极向上、团结友爱的班集体里，自己也会不知不觉地变得活泼开朗。此外，文学创作、科学研究中很多重要的发现都与无意识有关，比如门捷列夫做了个梦，在梦的启示下提出了化学元素周期表。

匪夷所思——失明者能“感受”到面前的障碍物！

在一次实验中，一名因中风导致完全失明的男子(化名叫 TN)能“感受”到前面的障碍物，成功穿过一条满布杂物的通道。他的例子表明部分失明人士能“看见”他们看不见的东西；他还能对他看不见的面部表情作出反应，测试发现他可以分辨出人们恐惧、愤怒和喜悦等表情。TN 的案例证明“盲视现象”的存在。

盲视现象是由脑损伤引起的，眼睛本身并没有问题。他“感受”到物体和表情真是无意识内容反映的结果。在意识层面，他虽然看不见事物，但是无意识正在“监控”周围的事物，这就是他能“感受”到障碍的原因。

有没有人会“盗”走你的梦？

精彩的电影《盗梦空间》

2010年上映的美国大片《盗梦空间》给我们带来了很多惊喜，该片带观众游走于梦境与现实之间，被定义为“发生在意识结构内的当代动作科幻片”。要看懂这部电影，必须接受它对梦境的无数天马行空的设定。

比如，片中一共有六层世界，分别是：现实世界、四层梦境和意识边缘，层与层之间的时间以大约二十倍的间隔延缓。在电影里面，“盗梦“是一个术语，不是指在梦中偷窃情报，而是指把某种想法“植入”目标人物，使得他觉得这想法是自己本来就有的。

这些设定看似无懈可击，整部电影精彩地展现了“盗梦”的过程，激发了人们对梦的思考。

该电影中的梦是设计师造出来的，梦中除了“被植梦者”外，其他人都知道自己在做梦，可以自主行动。我们不禁会联想自己的梦，我们自己的梦是什么样子的，怎么产生的？接下来，我们将带领大家从科学的角度审视梦为何物。

深有感触

梦是一种主体经验，是人在睡眠时产生想象的影像、声音、思考或感觉，通常是非自愿的。我们每个人都有做梦的经历，尽管有的人说他很少做梦，他也不否认梦的存在。实际上每天晚上我们都会做3—4个梦，只是醒来的时候忘记了。

正所谓“日有所思，夜有所梦”，梦境和现实生活有着千丝万缕的联系。大多数梦反映的是日常生活事件，梦中最常出现的场所是熟悉的房间，梦中的活动常常是发生在自己和家人、同学之间。梦中是否开心与白天的心情有关，白天神清气爽，晚上多半会做个美梦。比如说，有个没有出过远门、没有看过电视的老太太梦见自己去了美国，问她美国的城市如何，她答到，和我们家乡差不多。实际上，美国和她家乡差别很大，老太太梦中的美国是她日常经验的改造；还有人会梦到自己在梦中尿急，到处找厕所，怎么找也找不到，一直到被憋醒，才发现自己需要起来上厕所。庆幸的是，他在梦中没有找到厕所，要是找到了的话，他很可能已经尿床了。

梦是住在床头的天使或者魔鬼，有时候给我们带来美梦，有时候是噩梦。梦是睡眠中最生动有趣、又有些不可思议的环节。梦能突破时间空间感官的限制，带我们去向往已久的地方、带我们去见已经离世了的亲人、带我们飞上天遁入地。跳跃性的、栩栩如生的梦出现于脑海，实在是一种奇特的经历。但有时候，梦也会像魔鬼一样露出凶残的目光，不断地重复一些令人讨厌的场景，想逃又逃不掉，感觉到要窒息了。这样的梦给我们带来了不好的体验，有时候甚至吓得不敢入睡，第二天精神不佳。这时我们就需要反思生活，学会调节压力，创造良好的睡眠环境，才能避开噩梦。

背后玄机

印度诗人泰戈尔曾经说过："梦是一个要谈话的妻子，而睡眠是一个默默忍受的丈夫。"这正是梦和睡眠关系最恰当的比喻。梦来源于睡眠，出现在睡眠的特定阶段，一般是熟睡之后，这个阶段人会翻身、眼睛快速地转动，一晚上要经历 3—4 次。如果把处于这个阶段的人叫醒，他会怪你打断了他的美梦。

人为什么会做梦？关于这个问题，不同的研究者持不同的态度。有的科学家认为，梦是被压抑的潜意识的愿望以改变的形式出现在睡眠中。比如一个非常乖的学生可能会梦见自己和父母顶嘴，这样的事情从来没有发生过，他自己也觉得不应该。但这个梦说明了这个同学潜意识里面是想反抗家长的。有的科学家认为，睡觉的时候，人的大脑可能还在工作，在整理白天看到的、想到的事情，大脑将这些事情重新组合，有一部分会进入人的意识，成为梦境，因此梦中的有些情节会对日常生活产生启示。还有的科学家认为，梦仅仅是大脑在休息的时候自发的神经活动，梦就是这些神经活动的结果，显得没有逻辑性、荒诞。

随着科学技术的提高，对梦的研究还在继续，希望科学家们能够得出统一的解释梦的缘由。

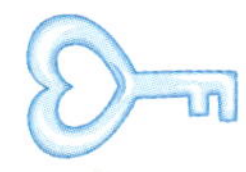

为我所用

梦能给我们带来全新的感受，能启迪解决问题的方法，能暗示身心状况的改变，利用好自己的梦对日常生活有很大帮助。我们可以将梦中奇特的感受记录下来，作为写作素材；我们可以根据梦中的奇特想法进行小创作、小发明；我们还可以根据梦中的提示思考自己的生活，梦中出现的东西可能是我们最想要的。当然，我们也不能完全迷信梦、依赖梦，梦是日常思考的产物，平日里认真学习体会才是王道。

妙笔点睛——做梦会不会影响睡眠？

平日里，我们会经常听到有人抱怨“做了一夜的梦，一宿没休息好”，“晚上梦多，简直没有睡着”。如前文所述，每个人每晚上都会做3—4个梦，只是有些梦能记起来，有些不能，做梦并能回忆梦境并不能说明睡眠不深。研究表明，做梦与失眠的程度没有必然的联系。

毕加索的画《梦》

那么，为什么会有前面的抱怨呢？有学者通过调查分析，认为这主要是他们对睡眠和梦的知识不足，认为做梦就是没睡好，潜意识里面觉得自己很累，白天就表现出精神状态不佳。

做梦本身对人及睡眠都有一定的益处，除非你夜夜惊梦不得安眠，日间有明显嗜睡，影响正常的工作和生活，则应找医生看看，寻找原因并进行治疗。

你有没有被催眠？

无痛拔牙

有人用催眠做过"无痛拔牙"的表演。在牙病患者进入催眠状态后，催眠师用非常坚定的语气告诉他："在拔牙的时候，你肯定不会有任何疼痛的感觉。"然后，由牙科医生实施拔牙手术，拔牙过程中，患者竟然没有半点痛苦的表现。患者解除催眠状态后，观众们一拥而上，纷纷询问：

"你真的不觉得疼吗？"

"是的，我没有什么感觉。"

"在当时你到底是一种什么样的感觉呢？"

"当时觉得自己似乎浮飘在空中，后来又觉得是在海滩上散步。总之，是一种妙不可言的感觉。"

"无痛拔牙"的现象，人们若没有亲眼目睹，总难以相信。目前在欧美各国，利用催眠进行"无痛拔牙"已经相当普遍。并且生活中催眠现象经常发生，只是我们不注意而已。你有没有被催眠过呢？读完本文你就会找到答案。

深有感触

催眠一直是心理学中比较引人关注的部分，尤其是现代小说、电视剧将催眠描述得更加神秘。早在18世纪，催眠就被用于治疗精神病。催眠是一种意识改变的状态，这种状态是通过人为的诱导而引起的一种类似睡眠的状态。催眠状态下，人对各种暗示的敏感性增强，不仅引起感知觉、记忆、语言和自我控制方面能力的改变，顺从地接受催眠师的暗示去做一些动作和事情，并相信催眠师的描述是真的，而且还能唤起被压抑和忘记了的事情。"无痛拔牙"的案例中，牙病患者就是相信催眠师说的拔牙不疼而调节自己的身体感受，不能意识到疼痛。

有关催眠电影中，我们都可以看到催眠师用一个怀表在被催眠者眼前不停的晃荡，并说一些让他放松的话。实际上，凡是单调、重复、刻板的事物都能诱发不同程度的催眠，我们每一个人都有这方面的体会，这是人的正常反应功能。比如“公路催眠”就是一个典型的例子，驾驶员长途驾驶，单调的汽车马达声会诱发催眠状态容易发生事故，所以在修筑公路时会在路旁设置一些醒目的标志，或者有意识地将公路筑成弯道，避免诱发公路催眠。有时候学生上课打瞌睡不一定是学生没睡够或者不愿意听，有可能是老师讲课的语调和方式一成不变，使学生注意力狭窄，进入催眠状态。

催眠不一定都是由别人的暗示产生的，还可以进行自我催眠。自我催眠是一种技术，可以自己诱导自己进入催眠状态，利用“肯定暗示”促使潜意识活动，起到治疗疾病、调节身心的作用。比如，失眠患者可以利用自我催眠晚上好好睡觉，每天早上起床对自己进行积极的暗示；对着镜子里面的自己微笑，大声喊“我能行、我能行”，能够使心情愉快，提高自信。

背后玄机

看到催眠有如此神奇的效果时，人们都会惊呼催眠师有超凡能力。实际上，催眠中的关键人物不是催眠师，而是很容易受暗示的被催眠者。受暗示性，通俗地讲就是接受别人看法、观点的容易程度。一般来说，受暗示性高的人容易被催眠、催眠的程度也越深。人群中，大概有10%—20%的人容易被催眠，10%的人不能被催眠。但总的来说，只有在被催眠者相信自己能被催眠，信任催眠师时，才会放弃自己的思想控制力服从催眠师。也就是说，催眠实质上是被催眠者的自我催眠或自我暗示的结果，催眠者只是一个向导而已。而且，被催眠者也是有道德底线的，大多数人不会接受他们认为不道德或者对自己有伤害的暗示。所以说，在人被催眠后说出自己银行卡号的可能性很小，要求他迫害自己的亲人，他一般也不会去做。

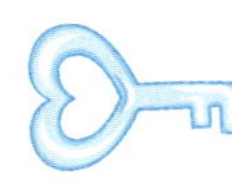

为我所用

催眠的应用范围很广，从大的方面来说，催眠可以用于疾病治疗，犯罪侦破等。如，心理医生引导病人进入催眠状态，寻找心理问题产生的原因，缓解焦虑抑郁的情绪，达到治疗心理问题的目的，如无痛拔牙、无痛生孩子、缓解癌症的疼痛等。从小的方面来说，催眠可以改善自我状态，发挥潜能。自我催眠可以克服学习困难：改善学习习惯，提高记忆力与集中注意力；催眠可以提升个人创造力：开启写作、绘画、表演艺术潜能；催眠可以建立信心，肯定自我价值：改善自我观感，增加自信与自许，强化自尊，善处逆境心情。

匪夷所思——被催眠者成了人桥

图中被催眠者身体僵硬，仅两个椅子就能支撑起整个身体，甚至可以承受人踩在身上的重量，形成人桥。

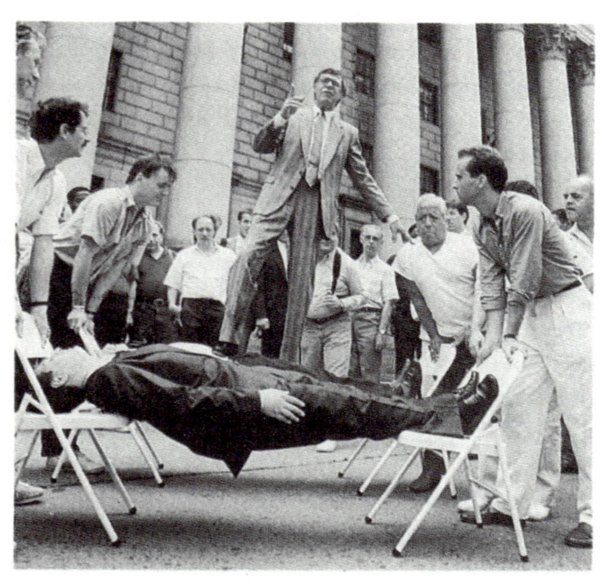

抢眼球的广告

“肯德基”标志越来越吸引眼球

下图为快餐“肯德基”标志60年来的演变过程，从开始黑白的英文全称和头像到现在红色的背景，突出的肯德基爷爷头像和名称缩写，整个广告简洁而明快，非常吸引人的眼球。设计者的目的就是尽量引起人们的注意，形成深刻的印象。

(1952 Logo)

(1978 Logo)

(1991 Logo)

(1997 Logo)

深有感触

现在往街上一看，到处都是抢眼球的广告，或挂出巨幅标志，或颜色鲜艳，或不断闪烁，又或者是音响声音很大，力求把过往人群的注意力吸引过去，招揽顾客。这里所讲的注意力，是意识的一种状态，指心理活动或者意识集中在一个事物上。人从睡眠到觉醒，再到注意，意识状态处于不同的水平，注意是非常清晰的意识状态。注意如同一个聚光灯，照亮大脑需要加工的内容。

注意使人们在纷乱复杂的信息中选择某些对象而忽略另外一些对象。比如，在课堂上认真听讲的时候，我们的听觉系统就选择了老师的声音而忽略了操场上的声音；在家看电视的时候，我们的视觉和听觉协同选择了电视机，周围发生的事情就注意不到了。选择了一个对象后，还需要集中精力在所选事物上，不然的话就很容易分心。“小和尚念经，有口无心”描述的就是小和尚虽然选择了念经，但是没有集中精神，经念过了也没有留下什么印象。有些同学上课虽然盯着黑板，但是精力不集中，周围有点风吹草动注意力就离开了黑板，这样课堂内容没有得到足够的加工，学习效果就不好了。

有时候，我们的注意力会轻而易举地被一些事物吸引过去，预先没有想要关注，也不用努力维持注意力。比如说，大家正在认真听老师讲课，突然有人闯进了教室，大家都会不由自主去看。一般说来，新颖的、意外的事情更容易引起这样的注意，因此广告设计师就尽可能将广告设计得醒目突出、有特色，目的就是要吸引路人的注意。有些时候我们带着明确的目的，努力集中注意力在一个事情上，比如认真读一篇英文课文，遇到生词很难读下去，但是我们还是要坚持读完。

背后玄机

注意是一种特殊的心理活动，人从出生就有这种本能。在出生不久的婴儿面前吹个口哨，他会把头转向发出口哨声的方向。这样的反应对人类生存起到非常重要的作用，远古人类和各种动物一起住在深山老林，生命常受到威胁，祖先们必须对突然发出的声音做出反应，以防狮子老虎偷袭。

人们能够选择注意某些事物而忽略另外一些事物，并且集中精力在上面是由大脑功能决定的。当一个事物得到注意时，对应的大脑皮层活动增加，但是周围皮层的活动受到阻碍，这样，就能使人集中注意力于某个对象而不分心于其他事件，保证意识的准确性。

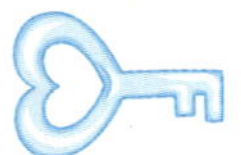

为我所用

只有处于我们注意范围内的事物才能得到大脑足够的加工。因此如何将注意维持在特定的事情上显得非常重要。商家为了能让更多的人注意到他们的产品，就会设计吸引人的广告、漂亮的包装，放在醒目的位置；对老师来说，为了能使学生在上课时全神贯注地投入学习，他们精心设计教学情境，设计游戏让同学们参与其中，带上教学仪器进行演示，进行现场小实验；对学生来说，听课时在课本上勾勾画画，突出重点内容，有助于注意力的集中。有时候维持注意是非常困难的，如背单词、写作文，做数学题，这些活动需要我们投入大量的注意力，会让我们感到疲劳并且心生厌烦。这时候应该想一些有趣的法子，让我们对所做的事情产生兴趣。比如，我们可以用学习英文歌的方法记单词，还可以跟同学之间相互提问，一问一答，让背单词生动起来。当我们对学习产生兴趣的时候，集中注意力就不会那么困难了。

匪夷所思——灰色的阴影收缩了！

请定睛凝视下图中心的黑点，过一段时间后，会发生什么现象呢？围绕在黑点周围的黑色阴影渐渐收缩。你是不是都不敢相信自己的眼睛了？

这就是人们选择注意一个事物后，其他的信息就淡出注意范围了，意识越来越不清晰，黑点周围的灰色阴影像是消失了一样。

一节课多长时间更合适？

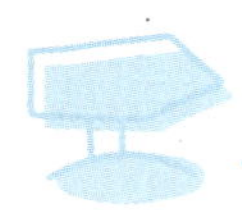

一节课多长时间更合适？

我国小学生的一节课一般是40分钟，国外小学生一节课的时间也大体相当。2002年，上海的一所实验小学将小学生的一节课缩短为35分钟，紧接着，北京的小学也对原来40分钟的课时进行改革，除语文、数学35分钟外，其他的课程都是30分钟。还有一些学校也在进行类似的尝试和探索。这时，一个突出的问题摆在了我们面前：一节课到底多长时间更合适呢？实际上，这是心理学中关于注意维持的问题，要想得到答案，得从注意的品质说起。

深有感触

注意力在一定时间内保持在一件事情上就是注意的稳定性，是注意的品质在时间方面的体现。当然，注意的稳定性并不意味着注意能长时间地固定在一个对象上，如，不能说上课集中精力就是只能盯着黑板看，眼睛都不能眨一下。注意在短时间内有规律地加强或减弱是正常的，这是注意的起伏。例如，把一只怀表放在离我们耳朵不远的地方，我们能听到表的滴嗒声，但是我们会感到表的声音时强时弱。也正是这样原因，跑步比赛的时候通常先提前2—3秒喊“预备”，再发出“跑”的口令，为的就是减少注意起伏产生的不良影响。要是谁喊了“预备”后5、6秒还不提示“跑”，肯定会遭到参赛人员的抱怨，因为从听“预备”口令开始，参赛员就做好了“跑”准备，超过3秒，他们的注意力就会下降，起跑很可能就慢了。

保持注意力的稳定性对人们来说非常重要，学生需要集中精力听老师讲课，才能有效地学习老师传授的知识；工人必须有稳定的注意力，才能正确地进行操作，排除故障和意外事故，按质按量地完成任务；外科医生必须全身心地投入在工作中才能成功地完成手术。与注意力稳定性相对的是注意分散，注意分散导致学习或者工作效率下降，甚至完成不了任务，如上课开小差。因此，在日常生活中，我们应当自觉地运用注意产生的规律，来培养自己稳定注意的习惯。

背后玄机

能否将注意力集中在一个事情上主要取决于个人和事件的特点两个方面。从人自身来看，人的年龄越大，就越能集中注意力；女生的注意力比男生稳定；身体健康，精力充沛的时候更容易集中注意力。平均而言，人的注意力保持在一个事情上的时间大概是20分钟。由此可见，一节课的时间从45分钟减少为35、30分钟是符合学生的注意规律的。从事件的特点来看，事件越明确越能吸引注意力；事件的内容越丰富，活动多样化，越能维持注意力；如果，存在干扰事件，就很难集中注意力了。以学生上课为例，老师讲得越清楚、设计不同的活动给学生参与，采用不同的讲授方法越能吸引注意力；但是课堂上有同学捣乱，教室周围很吵闹，学生的注意力就容易分散。当然，起到主要作用的还是自己，我们对活动内容感兴趣，有求知欲，并且愿意努力，保持注意力在一件事情上就不困难了。

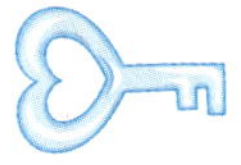

为我所用

注意的稳定性是注意最重要的品质。养成稳定注意的习惯，对人们的学习和工作都有重大的意义。怎样才能提高自己注意的稳定性呢？我们应该注意以下几个方面：首先，创造良好的学习环境。在安静、舒适的条件下学习，不和周围人讲话，减少分心物的存在。然后，对学习应该有明确的目的和认真的态度。如果把学习当成是父母、老师给的任务，对学习不感兴趣，是很难集中注意力的。学习是我们了解这个世界、认识这个世界的唯一途径，我们要为了自己而学习，要认真对待。最后，要加强意志力的锻炼。我们不可能时时刻刻在一个安静的环境下学习，也不是所有同学都能做到对所有科目都感兴趣，这就需要人们用坚强的意志、自制力来抵制各种不良因素的干扰。毛泽东青年时代，曾有意拿书本去闹市中读，以锻炼自己闹中求静的能力。这种刻意锻炼意志力的精神是非常值得我们学习的。

妙趣横生——测测你的注意力有多集中！

拿出一张空白的纸，找一个安静的环境，坐在一个舒服的座位上，拿起笔从1开始写到500。注意，写错了不能涂改，继续下去。写完之后，找一个同学检查，错得越少说明你注意力越集中。如果你一个都没有错的话，可以去街上参加写数字的游戏，全部正确可以赢得一个洋娃娃哦！

转移一下注意力

你会不会休息？

你上了2节数学课，觉得很累，下课铃声一响起你就扑倒在课桌上睡觉，想抓紧课间10分钟好好休息一下。小心，这是一个陷阱！睡眠的确是一种有效的休息方式，但它主要对睡眠不足者或体力劳动者适用。你坐在教室里上课，大脑皮层极度兴奋，而身体却处于低兴奋状态，对待这种疲劳，睡眠能起到的作用并不大。因为你需要的不是通过“静止”恢复体能，而是要找个事儿让你的身体动起来。这时候，不必停下来睡觉，转移一下注意力，在教室外走走，和同学说说话，甚至追逐打闹一番。

深有感触

法国杰出的启蒙思想家卢梭讲过他缓解疲劳的心得：“我本不是一个生来适于研究学问的人，因为我用功的时间稍长一些就感到疲倦，甚至我不能连续半小时集中精力于一个问题上。但是，我连续研究几个不同的问题，即使是不间断，我也能够轻松愉快地一个一个地寻思下去，这一个问题可以消除另一个问题所带来的疲劳，用不着休息一下脑筋。于是，我就在我的治学中充分利用我所发现的这一特点，对一些问题交替进行研究。这样，即使我整天用功也不觉得疲倦了。”他的心得道出了休息的秘诀“学会注意转移”。

注意的转移不同于注意的分散，注意转移是根据任务的要求主动转移，注意的分散则是心理活动离开了当前的任务。比如，给自己的安排是做完数学题后上网。那么，注意力从作业到上网就是注意的转移，如果做作业的过程中就在想上网的事情，就属于注意分散。合理的注意转移能够提高学习效率，减少大脑疲劳，而注意分散会阻碍任务的完成。

有些人很难把注意力从一件事情上转到另一件事情上，像有些工作狂注意力完全集中在一项任务中，达到忘我的境界。虽然这样的状态有利于完成任务、产生新的想法，但是，对身体健康不利。近几年，知识分子“过劳死”屡见报端，这提醒我们必须学会休息，珍惜自己的生命。

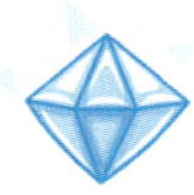

背后玄机

人类大脑皮质的一百多亿个神经细胞，功能都不一样，它们以不同的方式组合成功能各不相同的区域，这一区域活动，另一区域就休息。所以，通过改换活动内容，转移注意力到不同的活动中，就能使大脑的不同区域得到休息。

心理生理学家谢切诺夫做过一个实验。为了消除右手的疲劳，他采取两种方式：一种是让两只手静止休息，另一种是在右手静止的同时又让左手适当活动，然后在疲劳测量器上对右手的握力进行测试。结果表明，在左手活动的情况下，右手的疲劳消除得更快。这证明变换人的活动内容确实是积极的休息方式。

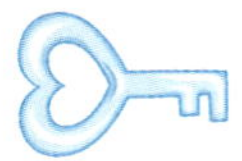

为我所用

注意力在不同活动中转移能够使我们的大脑得到休息，而且不同任务使人脑觉得有新鲜感，工作效率变高。因此，我们在日常学习中应该合理利用注意转移进行休息。在保证睡眠的条件下，我们应该合理安排学习任务，不要长时间学习一门功课，这样容易疲劳，效率也不高，应该不同科目交叉进行，尤其要注意脑力劳动和体力劳动更替，也就是，看一会儿书后要走出教室运动运动，可能的话，尽量打打球、跑跑步，做些有氧运动，这是大脑恢复能量的一个非常好的办法。

妙不可言——注意力转移另有他用

当你由于考试成绩不理想或者是没有得到想要的生日礼物而感到伤心难过的时候，你的朋友通常会安慰你说，别老想着这个事情了，想想其他的，心情就不会那么差了。是的，当你的心情受到一件事情影响的时候，不妨通过转移注意力来避免不良情绪的干扰。遇到伤心事儿了，看个喜剧电影，开怀大笑，就能忘记烦恼，或者去操场快跑几百米，放松身体的时候放松心情，或者是埋头学习，化悲愤为力量。总之，找不同的事情做，使自己的注意力从不开心的事情上转移开来，是不错的调节心情的方法。

你能一手画方一手画圆吗？

你能一手画方一手画圆吗？

我国西汉时期有名的思想家董仲舒说过“目不能二视，耳不能二听，手不能二事，一手画方，一手画圆，莫能成……是故君子贱二而贵一。”这段话说明了一心只能一用，专心致志才能做好事情。然而，现代人高节奏的生活中，人们已经做到“眼观六路，耳听八方”了，能够一手画方，一手画圆的大有人在。他们是怎么做到的呢？

深有感触

确实，要求学生边写作文边解数学题是很难完成的，要求士兵边瞄准靶心边观赏风景也是不可能的。可见，一个人同时完成两种活动，考虑两件事情，同时注意到两个事物的细节是比较困难的，但是并不是不可能实现。有的老师上课的时候就能做到边上课边观察同学们的反应，有同学在下面窃窃私语、传纸条、睡觉、吃东西都能尽收眼底；歌手能够做到自弹自唱，还和台下观众互动；我们使用电脑的时候能够手敲键盘眼看屏幕。

生活中，有的人喜欢一边听歌一边工作，觉得工作效率提高了，而另外一些人则认为音乐分散了他们的注意力。一心二用到底好不好？有心理学家做过一个实验，他要求参与者读出天平上物体重量的同时判断屏幕上两条线段谁长谁短。这两个任务分开做大家都能做对，同时做的话，能做对的人就很少了。可见，硬要尝试两个复杂的事情一起做的话，就必须放慢速度，而且出错的可能性比较大。这就是为什么要求司机开车的时候不能打电话，不能和乘客交谈的原因。对于学生来说也是一样，上课的时候不要认为自己很聪明，可以边听老师讲课，边看漫画书，其实两个事情都做不好。

然而，日常生活中很多工作都要求人们能做到一心两用，甚至一心多用，手眼脚共同配合才能得到好结果。篮球运动员在赛场上必须防守对方人员，同时配合其他队员传球进攻；司机开车时既要驾驶车辆，又要留意车前的行人，可谓是：手把方向盘，脚踩刹车油门，眼观六路，耳听八方；售货员需要推销自己产品的时候留意不要让人“顺手牵羊”；我们上课也需要边听讲边记笔记。

因此，我们发现，“一心二用”需要分情况，服务于同一个目标的时候，就应该练习注意力的分配，不应该被其他的事情吸引注意力。

背后玄机

什么样的情况下分配注意力才能取得好的结果呢？研究发现，这和需要分配的任务类型有关。首先，同时并行的两个活动中必须有一种是熟练的，因为我们分配在非熟练的活动中的注意力较少，更多的注意力可以分配给另一个活动。就像我们骑自行车，需要脚蹬踏板，手握刹车，眼睛看路，对于一个初学者，他既要关心怎么保持平衡，又要看路，骑车这项活动对他来说就很困难了。然后，同时进行的几个活动之间的需要有内在的联系，没有内在联系就很难同时完成。比如自弹自唱的必须是同一个曲子，如果弹的是《小夜曲》，唱的是《双节棍》，就很难同时完成了。最后，同一个器官完成两种不同的活动就很困难，因此大多数人都不能完成一手画方一手画圆，也不能完成一只眼睛看电视一只眼睛看风景。

为我所用

注意力的分配是后天培养的一种能力，婴儿教育专家建议父母在孩子小时候帮他进行联系，比如边走路边拍掌，一边唱儿歌一边动动身体。对于我们学生来说，要同时完成两个活动，可以进行大量的练习，让其中一个变得熟悉。使用电脑时的盲打就是经过训练十指熟悉键盘按键的结果；大家一开始很难做到一手画方一手画圆，但是练习一段时间，有的人就可以做到了。值得一提的是，我们要分清楚什么时候该注意分配，什么时候集中精力。能够分开完成的事情最好一样一样做，不要贪图省时间。陈毅小时候有次边看书边吃东西，不小心把墨汁当成芝麻酱蘸着吃了，这是由于他分配在吃东西上的注意力太少了，不足以完成这个动作。吃了点墨汁不至于对身体造成伤害，要是司机由于讲电话发生事故，损失就惨重了。

出奇制胜——另类绝活：一手作画，一手写字

四川江安县的一名教师李祖良左右手双手上下翻飞：左手画了一幅天安门城楼，右手写下一句“祝贺新中国六十华诞”。

他并不是天生就会这项绝活的，而是后来不断练习练就的本领。这是把注意分配练得炉火纯青的表现，不得不让人拍手叫绝。

第四章　见过，知道，记得

你怎么学会了唱歌跳舞？

记忆：从模模糊糊到清清楚楚

知己知彼，百“记”不倦

读书百遍，其义自见

记忆中的“虎头豹尾”现象

谁偷走了我的记忆？

记忆是座宫殿

你怎么学会了唱歌跳舞？

神曲《忐忑》

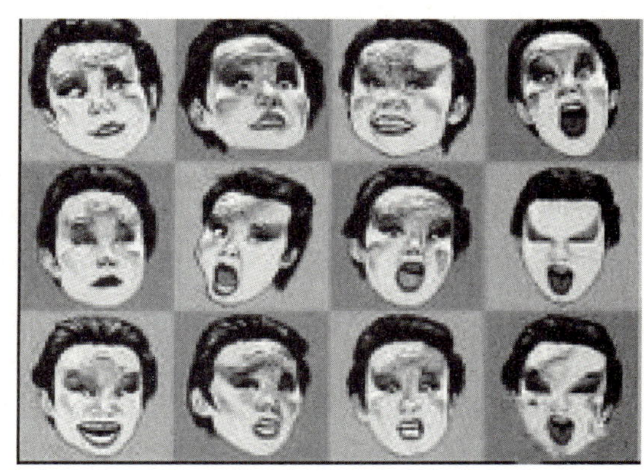

龚琳娜的歌曲《忐忑》因节奏变化多端，表演夸张，歌词神秘等因素，被网络赋予娱乐色彩，广大网友称之为“神曲”。演唱者口中的歌词中文音译为“啊哦，啊哦诶，啊嘶嘚啊嘶哆，啊嘶嘚咯嘚咯哆，啊嘶嘚啊嘶嘚咯哆……”整首歌中包含700多个这样没有实际意义、根本听不清听不懂的字。正因为歌词的夸张难记，很多网友包括明星争相模仿。模仿者们竟也能有模有样地把这么长的歌词记下来。这么难记的歌词，大家是怎么记住的呢？我们不禁感叹，记忆真神奇！

深有感触

一个学生要考英语，他就必须背英文单词；一个医生要给病人开处方，他就必须背药书；一个交通警察要处理交通事故，他就必须记车牌号码；一个和尚要念经，他就必须背经文……总之，这个世界太需要记忆了！记忆是什么呢？过去感知过的事物，思考过的问题，体验过的情感，与人交谈过的内容，学习过的知识，练习过的动作，都会在头脑中留下痕迹，并且能够以经验的形式重现出来，这就是记忆。人们的记忆力大得惊人！

打个比方来说，美国国会图书馆是世界上最大的图书馆之一，藏书近2000万册，我们大脑的信息储量可以容下三四个美国国会图书馆。要熟记《忐忑》歌词，学会舞蹈的动作，对我们强大的记忆能力来说，完全是小菜一碟。

记忆可以分为不同的种类，根据记忆内容的不同可以分为形象记忆、动作记忆、情绪记忆和语言逻辑记忆。形象记忆以感知过的事物的形象为内容，如，我们去动物园看到了一种从来没有见过的动物，它头是圆锥形，全身有鳞甲，四肢短粗，背略隆起，饲养员告诉我们，这是穿山甲。我们就记住了它的形象，以后再看见这种动物的时候，我们就能认出这是穿山甲。动作记忆以做过的动作、姿势、习惯为内容，比如打篮球、跳舞、做饭等，这样的记忆一开始学起来比较慢，但记住后不容易忘记。情绪记忆以体验过的情感为内容，我们记得不同情绪的面部表情，眉毛弯弯、嘴角上扬是开心，眉头紧蹙、嘴角下撇是伤心，咬牙切齿、拳头紧握是发怒，全身发抖、手心冒汗是害怕。语言逻辑记忆是一种高级的、抽象的记忆，这种记忆保持的不是事物的具体形象，而是事物的本质、事物之间的关系，我们在学校里学习的知识多是这样的记忆。语文中学习的课文、数学中学习的公式、英语中学习的语法等都是语言逻辑记忆。

另外，根据记忆的方式不同，可以分为机械记忆和意义记忆。像《忐忑》这样的歌词没有实际意义，单靠反复背诵记住的内容就是机械记忆。不过有网友将歌词记为："带个刀，割不断，用牙咬！""阿姨压抑带个刀""逮来逮去逮去逮来，不知道最后逮没逮着谁"，这样的歌词有了实际意义，容易理解，这样的记忆就是意义记忆。机械记忆花费时间长，较难记住，意义记忆可以节省时间，效率高。一般说来，当我们对一个东西不熟悉的时候，需要机械记忆，熟悉之后就能做到意义记忆了。刚学英语的时候，我们需要机械记忆26个字母、基本单词，等到对英语有一定了解之后可以采用"音标法"、"联想法"等意义记忆，提高记忆效率。

背后玄机

记忆是人脑对过去发生过的事情的反映，它不像感觉、知觉那样反映当前作用于感觉器官的事物，而是对过去经验的反映。人为什么能记住这么多东西？我们知道人的大脑结构功能单元就是神经细胞，约有100亿到140亿个，每个神经细胞相当于一个记忆元件，当所有细胞都记录下信息后，记忆的容量可谓是无边无际。

记忆过程究竟如何呢？一般认为，记忆包括识记、保持、再认或回忆三个环节。识记是第一环节，它的任务是通过感知、思考、操作等活动获得经验；保持是第二环节，它的任务是加工和巩固已获得的经验；再认或回忆是记忆的第三个环节，它的任务是从头脑中提取出知识、经验，以解决当前问题。这三个环节彼此联系，密不可分。比如，我们学到“do”的过去式是“did”，用于表示过去做的事情，这个环节就是识记；我们记住了这个知识点并适时复习巩固的过程就是保持；老师提问“do”的过去式是什么，如果你能回答出“did”，这就是回忆，如果你不能直接正确回答，但是能够在“did”和“done”中做出正确选择，这样说明你对这个知识点能再认，回忆和再认是记忆的第三个环节。可见，能够“回忆”的记忆比“再认”牢固，这就是选择题比填空题简单的原因。

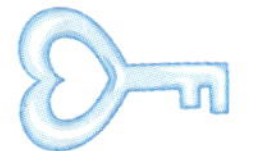

为我所用

人的一切智慧的根源都在于记忆，没有记忆，人类将无法生存和发展。试想，如果我们一起床就不记得我们自己是谁，住在哪里，怎么穿衣服，生活将会是一团乱麻。记忆是学习的重要条件，有了记忆我们才能积累经验，掌握现状，从而适应不断变化的世界。

我们知道，人的记忆能力很强，只要认真学习、掌握合理的学习巩固方法，是能够高效记住知识的。首先我们要主动地、有目的地进行记忆，不然像“小和尚念经，有口无心”一样，虽然念了，但根本没有记住。然后我们需要提高对记忆材料的理解程度，意义记忆优于机械记忆。当我们正确而深刻地理解了一段文字表达的内容后，记忆就要简单容易得多。最后，我们应该重视识记方法在记忆中的作用，如，多种感官协同合作，整体记忆大于部分记忆、采用记忆术等。

妙不可言——提高记忆力的 15 个方法

1. 平心静气：首先使大脑安静下来。
2. 疲劳会降低大脑的工作效率。
3. 必须自信“一定能够记住”。

4.要找出适合自己特点的记忆方法。
5.对记忆的对象要有兴趣。
6.强烈的学习动力可以促进记忆。
7.和愉快的事情相联系容易记忆。
8.多思考可以使脑细胞变得年轻而敏锐,提高记忆力。
9.细致地观察能帮助记忆。
10.充分理解被记忆的对象。
11.用形象来掌握被记忆的对象。
12.把互不关联的记忆对象编成歌诀有利于记忆。
13.把类似的对象对比起来记忆。
14.适当的分散记忆有时比集中记忆效果好。
15.调动身体各器官协同记忆。

记忆：从模模糊糊到清清楚楚

你能回答出这些题吗？

请快速注视下图(10 秒钟)，马上盖起来。

现在回答以下问题：

(1)右下角的箭头指向哪边？

(2)左上角的图标代表的是美元还是人民币？

(3)上排中间的小女孩手里抱着什么动物？

你会发现回答这些问题很困难，需要再看看图片，但是你的头脑中似乎又有一些印象。如果多给你些时间，比如 1 分钟，再回答这些问题，难度就会小得多。记忆从模模糊糊的印象到记得清清楚楚发生了什么变化？这需要我们从记忆系统方面来了解。

深有感触

结合我们的经验，不难发现，要记一个东西，我们首先会大概看一眼，留下点印象，然后再一遍一遍复述，最终能清楚地回忆出来。记忆是一个系统，包括三个阶段：感觉记忆、短时记忆和长时记忆。

看上图几秒钟，要求回答问题，实际上是感觉记忆在起作用。信息(包括文字、图片或者声音)以非常短的时间出现(几秒钟)，一些信息被大

脑记录下来，成为感觉记忆。感觉记忆是记忆系统处理信息的第一站，记录最原始的信息，为记忆的进一步加工提供了时间和材料。感觉记忆一般在人的大脑里面保留1～2秒，电影、电视中播放的实际上是一张张的静止图片，我们之所以看到了运动的图像，就是感觉记忆在起作用。虽然感觉记忆保存的时间非常短，但是容量非常大，能像摄像头一样拍摄下镜头范围内的所有事物，保存为形象鲜明的内容，成为后续加工的材料。

记忆加工的第二个阶段是短时记忆，又被称作工作记忆，它指信息一次呈现后，保存时间在1分钟之内的记忆。与感觉记忆不同的是：感觉记忆是不能被意识到的原始材料，而短时记忆是能被意识到的、正在加工的记忆；感觉记忆的容量非常大，而短时记忆的容量是有限的，一般是7±2个组块。一个组块可以是一个数字、一个字母，也可以是一个单词、词组，还可以是一个短语。短时记忆服务于当前工作，同时把重要的内容通过复述存储在长时记忆中。例如，我们需要打电话订餐，看一眼号码就能记住，并拨打电话，一般打完电话就忘记号码了。但是，如果你觉得每次订餐都要翻查号码很麻烦，可以通过一遍遍重复将这个号码存储在长时记忆中的，下次需要的时候就可以回忆起这个号码。

记忆加工的第三个阶段是长时记忆，是指储存在头脑中超过1分钟直至保存终生的记忆，它的主要来源是通过复述的短时记忆。长时记忆的容量似乎没有限度，它可以存储一个人关于世界的一切知识。我们的日常生活经验、学习到的知识都是存储在长时记忆中，在需要的时候提取出来。

记忆的三个系统不是孤立的，是相互配合的。来自环境的信息首先到达感觉记忆，如果这些信息被注意，它们就进入短时记忆。在短时记忆中，人们把这些信息加以改造并作出反应。为了改造存入短时记忆的信息，人们会调出储存在长时记忆中的知识进行分析处理。同时，短时记忆中的信息经过复述可以存入长时记忆。比如，要求你观察上图回答第一个问题：右下角的箭头指向哪边？你首先看到整张图片（感觉记忆），但是只选择右下角的箭头进入短时记忆；此时，你的大脑记录了箭头的形象，为了回答问题，你需要从长时记忆中调取关于方向的知识与箭头的方向对比，得出结论，箭头指向右边。如果需要，你可以通过不断地重复右下角图片的箭头指向右边而将这个信息存储在长时记忆中，过很多天后问你相同的问题，你回答正确的可能性很大。

背后玄机

对记忆的研究可以追溯到公元前6世纪的古希腊，当时的人们认为记忆是由明暗两种物质构成的，明是指记住的事情，暗是指忘记了的事情，人所经历的事情有的是明能被记住，有的是暗会被忘记。显然，这样朴素的假说并不能解释记忆的发生和发展，直到近代科学技术的提高，人们才将记忆和大脑的功能联系起来。

对记忆研究起到推动作用的案例当属 H. M.（真名：亨利·古斯塔夫·莫莱森），他小时候是个健康的男孩，但在一次车祸之后，他患上了癫痫。到他27岁的时候，癫痫已经严重到让他什么都做不了的程度，医生为他做了各项检查后认为，只要切除 H. M. 的一部分致病脑组织，就可以减轻他的症状。手术很成功，他的癫痫消失了，但是很快，人们发现了一个未曾想到的副作用：H. M. 记得手术之前的所有事情，但手术后的事情完全记不得。这一发现对当时的记忆研究产生了革命性的影响，人们发现了短时记忆、长时记忆，以及它们之间联系的脑结构。H. M. 的手术切除了大脑中负责将短时记忆转化为长时记忆的部分，因而他只有手术前形成的长时记忆和短时记忆，他再也无法形成新的记忆了。目前科学界关于记忆的知识，有很大部分得自于他，他死后享受了和爱因斯坦一样的待遇——大脑被珍藏起来，纪念他对记忆研究作出的贡献。

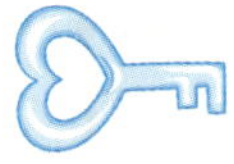

为我所用

记忆对学生学习非常重要，我们学习数、理、化，背诵英语、地理、政治，阅读小说、散文都需要进行信息的加工与存储，由于记忆系统包括不同的部分，应该根据各个部分的特点进行学习记忆。感觉能够被意识到、用于解决问题的记忆是短时记忆，提高短时记忆的能力有助于提高整体的记忆效果。有学生考试怯场，平时知道的东西都忘记了，就是因为害怕担心的情绪占据了短时记忆，长时记忆中的内容没有被提取出来。因此，我们要相信自己的记忆，只要平时认真学习，考试时保持平静的心情，就能发挥正常。

短时记忆的容量为7±2个组块，在记忆的时候应该尊重这个规律，不要贪多，否则什么也记不住。先看这组字母：USANBAFCKABCDIY，看完一遍，你试着复述一次。你会发现很难完全复述，但经过这样组块后我相信你看过一遍就能完整无误复述：USA NBA FCKABC DIY。组块技巧在于把一些小块组成大块，通常是对于你有意义的大块。你也可以主动把小块建构成有意义的大块，通过这种策略可以提高记忆效率。

另外，要真正地记住一个事物，必须存储在长时记忆里，如果仅仅停留在短时记忆中，一段时间后就遗忘了。大家都经历过填鸭式备考，我们在考前不断重复背诵，把整个学期的知识强行记住。这种“临阵磨枪”的方法，用来应付考试是有效的，但是这些知识，仅仅被塞在短时记忆里，并没有经过深入理解进入长时记忆，考后没几天就被忘光了。因此，要记住一个东西必须通过复述把它从短时记忆存储到长时记忆。

学习新知识是三种记忆共同配合的结果，我们通过感觉器官接收到信息，选择有用的部分进入短时记忆进行加工，通过复述进入长时记忆。如果能够提取出长时记忆中相关的知识进行对比学习，效果更佳。比如我们在语文课上学习了李白的《静夜思》这首诗，这时候就可以回忆一下与作者相关的背景故事来加深对这首诗的理解。李白出生于盛唐时期，他一生绝大部分都在漫游中度过，游历了大半个中国。结合李白的经历，我们读《静夜思》的时候就能体会到他浓浓的思乡之情了。我们不难想象，一个游子常年身处异地，没有亲人的音讯，独自住着一家又一家小客栈。又是一个无眠的夜晚，月光皎洁，此情此景，他又想起家乡的父母妻儿。此时，记忆中合家团圆的场景与他孤身一人形成鲜明的对比，我们对一个游子思乡的感情体会更加深刻了。

匪夷所思——闪光灯记忆

57 岁的贾斯汀·米切尔(Justin·Mitchell)，一名普通的美国民众，他说，所有美国人都能清晰地回忆起 10 年前那一天的场景，“直到现在，我看见世贸大厦被炸毁的镜头时还会流泪。”他目睹 9·11 恐怖事件的发生，将当时的所见所闻写成文章发表在报纸上。像这样对鲜明、重要的公众事件(如，某国总统被刺、奥运会、世界杯、北约空袭南联盟、我驻南使馆被炸等)的记忆被称为闪光灯记忆(flashbulb memory)。正如米切尔清楚地记得当天发生的事情一样，闪光灯记忆是指人们可以记住首次听到事件时的具体细节：听到事件的时间、地点；当时和谁在一起；正在做什么；听到事件时有何感受等。这种记忆是瞬时记忆不经过短时记忆加工而直接进入长时记忆的特例，因为这类事件对人们的震撼太大，在大脑中留下了非常深刻的记忆痕迹。

知己知彼，百“记”不倦

你的记忆力像“阿蘅”还是“郭靖”？

《射雕英雄传》中黄药师的夫人阿蘅能够过目不忘，看过一遍《九阴真经》，就能凭记忆一字不漏地默写出来。郭靖就不一样，他生性憨厚老实，学东西慢。周伯通将一本看似杂乱无章的书给他背，他费了九牛二虎之力才记了下来。后来黄药师选女婿时拿出《九阴真经》给郭靖和欧阳克背，郭靖才发现周伯通让他背的是《九阴真经》，由于他记得牢，还能完整地背诵出来，赢了欧阳克。可见，郭靖虽然记得慢，但是记得很准确、牢靠。

“阿蘅”和“郭靖”虽然是武侠小说中的人物，但是他们记忆方面的不同也表现在我们身上。有的人记得快忘得也快，而有的人记得慢但记得牢，如何判断一个人的记忆力好不好呢？应该从记忆的品质开始了解。

深有感触

人们的记忆存在着极大的差异，综合起来，一个人的记忆力水平可以从记忆品质的敏捷性、持久性、正确性和备用性四个方面来衡量和评价。

记忆的敏捷性是指识记速度的快慢。识记敏捷的人，在一定时间内，记住的内容多、速度快。同样一首唐诗，有的人重复 5 次就记住了，而有的却需要重复 26 次才能记住；同样一系列图形，有的人只需看 33 次就能记住，有的却需要看 75 次才能记住。可见人们在记忆的敏捷性上存在很大差异。

仅有敏捷性还不能称之为良好的记忆，记得快忘得快不能算作良好的记忆。所以，良好的记忆必须具备的第二个标准就是持久性。记忆的持久性是指识记事物保持时间的长短。记忆持久的人，记忆知识的巩固程度好，能保持较长时间。宋朝宰相王安石的记性好远近闻名。一天，一位朋友想测试他的记忆力，就从他的书架上取出一本“积满灰尘”的书，随便翻到一页，刚报完页码，王安石就一口气背了下来，可见其记忆的持久性是惊人的。

我们常常可以看到有的人记忆总是非常正确，回答问题全面，从不添枝加叶，而有的人的记忆错误百出，这说明人们的记忆在正确性方面也是大不相同的。记忆的正确性是指对原来记忆内容的性质的保持。一个人的记忆，如果既有敏捷性，又具有持久性，但是不具备正确性，就是说他记得又快又牢固，但是却记错了，显然这样的记忆也毫无用处。完全可以说，“正确性”是良好记忆的最重要的特点。如果记忆总是不正确，那它只能对我们的学习知识和积累经验帮倒忙。正像开汽车时弄反了方向，开得越快，距离目的地越远。

记忆的备用性是指从记忆中提取所需知识的速度快慢。备用性强的人，记忆的知识处于活跃状态，能随时提取出来用以解决有关问题。就像学生进考场那样，记忆备用性好的学生，能够迅速、正确地从自己记忆的仓库中提取相应的知识，顺利答完试题，而备用性不好的学生常常会发懵或答非所问，影响考试成绩。

记忆的各种品质在不同人身上有不同的组合。有的人记得快忘得慢，而且记得正确；有的人记得慢忘得也慢；有的人记得快忘得也快；有的人记得慢又忘得快。

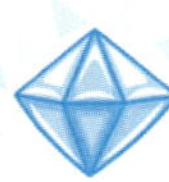

背后玄机

人的记忆力差异为何如此之大？从记忆的本质来看，记忆是大脑皮层中反射的形成。这里的反射指的是从感知到一个事物到对它作出反应的过程。记忆的品质也就是反射的品质。记忆是否敏捷取决于大脑皮层中条件反射形成的速度。条件反射形成得快，记忆就敏捷；条件反射形成得慢，记忆就迟钝。记忆的持久性取决于条件反射的牢固性，条件反射建立得越巩固，记忆就越持久；条件反射建立得越松散，记忆就越短暂。如果条件反射形成得准确、牢固，记忆的正确性就好，反之，如果条件反射形成得不准确、不牢固，记忆的正确性就差。然而，记忆的备用性不是天生就有的，是后天培养、锻炼的结果。特别要强调的是，从识记一开始就不要随随便便、马马虎虎。因为记忆的备用性是在识记的过程中形成的。我们应该有意识地记那些有意义的事物，并在识记当时就立刻建立起识记和需要使用这些知识场合之间的联系。

记忆的四种品质是有机联系，缺一不可的。为了使自己具有良好的记忆能力，就必须建立丰富、系统、精确而巩固的条件反射，具备所有优秀的记忆品质。忽视记忆品质中的任何一个方面都是片面的。所以检验一个人的记忆力的好坏，不能单看某一方面品质，而必须用四个方面的品质去全面地衡量。

为我所用

我们的记忆品质不尽相同，有的人可能记得快、记得牢，但容易出错，备用性不够，有的人能很快找到答案、记得正确，但是记得慢，记的时间久。我们需要了解自己的记忆品质如何，才能有针对性地进行练习，最大限度地提高记忆力。

如果自己记东西慢，就需要提高敏捷性。要想达到这个目的，一是平时要加强锻炼，限定时间完成任务，给自己紧迫感；二是在记忆时要集中注意力，不能分心；三是要充分利用原有的知识。比如在学习相似三角形证明的时候就应该联系全等三角形的证明方法识记。

如果你记忆保持的时间不长，感觉学了没多久就忘记了，应该加深理解和合理进行复习，这是提高记忆持久性的重要措施。记忆不长久，一般是功夫不深，复习不够。要经常地并在适当的时机进行复习，使条件反射不断强化而得到巩固，这样就可以使记忆获得持久性。

要保证记忆的正确性，首先要进行认真、正确的识记。其次，必须勤于自我监督。要养成良好的习惯，随时分清自己记忆中正确记忆和错误记忆、精确记忆和模糊记忆的内容。对于正确和精确记住的事物，要不断巩固；对错误记忆和模糊记忆的内容，要及时修正，这样才能有效地保证记忆的正确性。

要想使自己的记忆具有良好的备用性，首先要使记忆具有正确性、持久性；还要通过各种方法培养锻炼自己回忆的技巧，并多运用已经记忆的知识，达到"熟能生巧"的程度。另外，知识的组织性和系统性对记忆的准备性非常重要。拿破仑曾经说过："一切事情和知识在他头脑里放得像在橱柜的抽屉里一样，只要他打开某个抽屉，就能准确地取出所需要的材料。"在学习的时候，我们能对知识进行分类总结，记忆的效果会更好。

妙趣横生——测试你记忆的品质：你能记住多少个数字？

下面有几行数字，每一行数字比前一行多一个数，读一行数字后不看书直接背诵，看你能背出几个数字。

14937

8692075

30842197

7963905741

86421075332

5832063232110

903624143672923

7290518439251074

读书百遍，其义自见

读书百遍，其义自见

董遇，汉代人，从小喜欢读书，但家里比较贫穷，每次出门打柴或者劳作都要带着书本，一有空闲，就拿出来诵读，周围人都讥笑他，但他还是照样读他的书。由于他读书用功，学识渊博，他为《老子》作了注释，对《春秋左氏传》也下过很深的功夫，根据研究心得，写成《朱墨别异》。附近的读书人请他讲学，他不肯教，却对人家说："读书百遍，其义自见。"

"读书百遍，其义自见"这句熟语，相信读书人都有此类体验。把一本书读过一百遍，其中的含义自然就领会，所谓"百遍"当然是说多次重复之意。"重复"乃学习之母，我们想要记住一个东西，必定要不断朗诵，不断巩固。

深有感触

主张"读书百遍"的学者大有人在。郑板桥说，读书如果只要求看一眼就能背下来的话，就像"看了一处美丽风景，一眼即过，跟我一点关系都没有。"他主张书要反复阅读，才能体会到书中精妙的语言和深刻的道理；就连过目成诵的孔子读《易经》的时候都把连接简书的牛皮带子翻烂了，他读了多少遍可想而知；以苏东坡的才气，夜读《阿房宫赋》也一遍又一遍，到半夜仍不肯休。这些文人墨客尚需要反复研读文章，何况我们呢？老师和父母也时常教导我们，书要一遍一遍读才能体会其中奥秘。有记者采访过一位高考状元，问道："你的学习秘诀是什么？"他回答说："没有什么，就是反复认真地看书。"他的同学也提到这位高考状元学习很用功，几乎每本书的书皮都被翻坏了。有同学抱怨现在考试题目很怪，考一些平时容易被忽略的知识点。殊不知，这是"于细微处见功夫"，只有认认真真，反反复复研读课本，才能注意到这些看似细微却很重要的东西。

有同学可能会问，他很认真地复习了课本十几遍，为什么还是考不好？问题出在"读"的方式上。这里的"读"确实是反复阅读的意思，但并不是简单机械的重复，而一种通过精细研读以促进独立思考的学习方法。逐字逐句地反复阅读未必能达到精通的程度，如果没有悟性地理解只会是纸上谈兵，只读到了表面肤浅的文字表述，未必深入内涵，这样怎会奇迹般地“其义自见”呢？这种低效率的苦差事不但浪费时间，而且致命地浇灭你对书本知识的热情和自信。

总体而言，“读书百遍，其义自见”需要注意两个方面：第一，读书、复习需要一遍遍复述；第二，复述并不是机械简单地背诵文字，而是要加入自己理解的深入的学习。

背后玄机

我们在这本书中已经学习过，人们学习到的东西首先在短时记忆中加工，然后通过复述存入长时记忆中，在长时记忆中不断巩固成为记忆牢固的知识。“读书百遍，其义自见”中的“读”就是短时记忆转化为长时记忆的必经之路：复述。

心理学中将复述分为两类：简单复述（又称为机械复述）和精细复述。前者是对短时记忆中的信息只进行重复性的、简单的加工，使记忆程度加强，但不一定能进入长时记忆；后者是通过复述使短时记忆中的信息得到进一步的加工和组织，使信息与原来学习过的知识建立联系，从而有助于向长时记忆转移。“读书百遍，其义自见”就是要求我们通过精细复述把新的知识与学习过的知识建立联系存储在长时记忆中，新旧知识的结合促使我们的大脑更加灵活，体会到更深刻的道理。

“读书百遍”中还强调了重复的数量要多，在心理学上，对于已经记住了的知识点还有继续学习的现象叫做过度学习。对材料进行过分学习有利于保持记忆，不容易遗忘。因此，在日常学习中，能够记住一个材料后，最好还要多学习一半的时间，这样最不容易遗忘，学习效果更好。

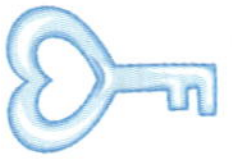

为我所用

既然复述对我们学习记忆这么重要，那么，学习复述的技巧就很有必要了。简单复述大家都会，就是一遍一遍朗读直到会背诵，精细复述就需要我们在日常生活中练习了。

采用复述的方法一方面可以进行记忆能力的训练，强化知识；另一方面，精细的复述能把已经学习过的知识、新的信息、正在思考的问题结合起来，富有创造性，“读书百遍，其义自见”的道理就体现在这。

复述训练的较好方式之一是讲故事。这里的“讲故事”指的是一种复现性的表达，即把看到的、听到的、情节完整的语言、文字材料讲述给别人听。讲故事可以不受原材料的束缚，有的地方可以详述，有的地方可以扩展，有的地方可以变序、变角度、变表达的形式。这样，对原材料的改变、加工就是一种再创作了。

反复阅读、复习的过程中应该做到以下几点：第一，反复阅读的过程就是记忆的过程，在阅读时，我们必须要快速记住语言材料里的一些重要词语，结构层次，以及它的具体内容，边读边记，养成口脑并用的良好习惯。第二，在阅读时要学会思考。复述不是照搬原材料，必须按照一定的要求，对原材料的内容进行综合、概括，适当取舍，并要认真选词，组织安排材料。如在学习《从百草园到三味书屋》时，大家可以考虑一下：作者对百草园的记忆为什么这么深刻？作者为什么要讲书生和蛇的故事？这里的三味书屋和以前学习过的《三味书屋》有什么联系和区别？经常这样复述，不仅可以训练你的思维能力，也可以培养你思考问题的习惯（大家不妨在你以后的学习中，尤其英语学习中也从这个方面训练一下）。第三，复述的特点就是要连贯地叙述原材料，无论口头还是笔头，都要围绕一定的中心内容去思考，然后准确而明晰地说出或写出来，这有利于培养和提高你的表达能力。

当我们面对一篇课文、一段英文材料的时候，可以利用上面提到的精细复述方法进行记忆，再一遍遍熟读材料，联系以前学过的知识，对这段材料的理解将会更加明朗。

奇思妙想——怎样讲好故事？

讲故事是训练复述最好的办法，需要注意以下几点：第一，把书面语转换为口头语；第二，突出重点，准确地体现原材料的中心和重点；第三，条理清楚，反映各部分内容的内在联系，如果叙述一件事情，复述时一定要交代清楚时间、地点、人物、事情的起因、经过、结果等；第四，语言力求准确。第五，必要时可以加入个人想象。

下面，同学们试试把这个故事讲给周围的人听吧！

先前，有一个读书人住在古庙里用功，晚间，在院子里纳凉的时候，突然听到有人在叫他。答应着，四面看时，却见一个美女的脸露在墙头上，向他一笑，隐去了。他很高兴，但竟给那走来夜谈的老和尚识破了机关，说他脸上有些妖气，一定遇见"美女蛇"了：这是人首蛇身的怪物，能唤人名，倘一答应，夜间便要来吃这人的肉的。他自然吓得要死，而那老和尚却道无妨，给他一个小盒子，说只要放在枕边，便可高枕而卧。他虽然照样办，却总是睡不着。到半夜，果然来了，沙沙沙，门外像是风雨声。他正抖作一团时，却听得豁的一声，一道金光从枕边飞出，外面便什么声音也没有了，那金光也就飞回来，敛在盒子里。后来呢？后来，老和尚说，这是飞蜈蚣，它能吸蛇的脑髓，美女蛇就被它治死了。（选自鲁迅《从百草园到三味书屋》）

记忆中的“虎头豹尾”现象

测测你记住了哪些词？

现在进行一个记忆测试，首先，拿出一张白纸和一支笔，做好默写的准备，然后阅读下列词语，每个词语看1秒钟，看完之后合起书来在纸上默写。不必要按照顺序回忆，也不要求数目一致，能想起多少写多少。

斑马　菊花　土豆　书桌　野猪　玫瑰　小偷　广播　禾苗　汽车　书架　骆驼　冰箱　芝麻　裙子　鸭子　河流　馒头　杯子　南瓜　蝴蝶　阳光　期刊　农业　猕猴　化学　沙发　板砖　白菜　面膜　手机　鸡蛋

默写完后对照词语表，你是不是发现，开头和结尾出现的词语更容易回忆起，处于中间的词语很难回忆起来。一系列记忆材料中，人们记忆效果最好的往往是位于开头和结尾的材料，这种记忆中“虎头豹尾”的现象叫做记忆的系列位置效应。

深有感触

1962年，加拿大学者墨多克用上面我们测试的方法证明了系列位置效应的存在。他们发现，回忆的效果与字词在原呈现系列中所处的位置有关。在系列开始部分和末尾部分的单词均比中间的单词更容易回忆。其中，开始部分单词更好记的现象称作首因效应，末尾部分单词更好记的现象称作近因效应。如图所示“系列位置曲线”，由于曲线形状类似字母“U”也叫做“U形记忆曲线”。

学习中记忆的“系列位置效应”一直存在，可以想一想过去的经历会发现，我们对事、对学习，最清晰的记忆就是事情的开头和结尾、学习内容的开始和末端。初中毕业了，蓦然回首，印在脑子中最深刻的事就是刚开学和毕业前的那段时光。3年时间发生了些什么？只有仔细追忆才能回想起来。有些学过的名篇诗句，回想起来好像只记得开头和结尾部分。

读书这么多年，我们一定会发现，清晨起来和晚上临睡前学习，有时竟有过目不忘的神效！

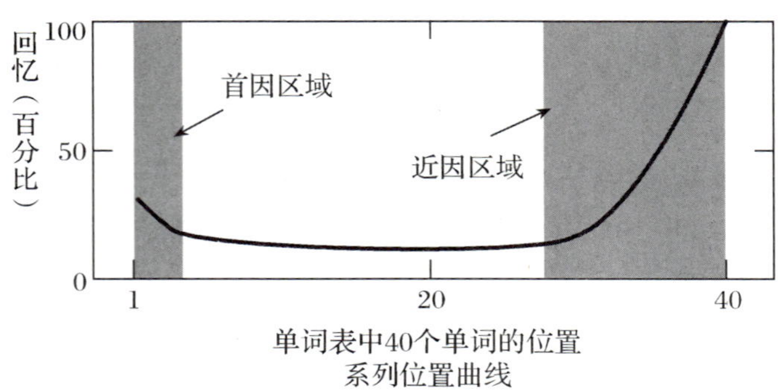

系列位置曲线

记忆的“系列位置效应”不光出现在学习中，生活中的这种效应也存在。歌唱比赛的出场顺序对选手非常重要，由于记忆“虎头豹尾”现象的存在，他们对开始出场和最后出场的选手印象深刻，而对中间的没有多少印象。因此，为了公平起见，制定出场顺序时都用抽签的方式。同样，参加面试的顺序也会受到这种效应的影响，这就是人们为什么希望自己是第一个面试、或者是最后面试的原因了，这样，能给面试官留下更加深刻的印象。

背后玄机

人们的记忆为什么会因为材料出现的顺序不同而不同呢？产生开头和结尾记忆效果好的原因是不是一样？我们从记忆形成的过程来看。

心理学研究发现，识记一段材料的过程中，会受到先前学习的材料的阻碍，又会受到后来学习的材料的干扰。这样的现象很好理解，比如一位秘书以阅读的方式把一篇文章输入电脑中，她只能一次阅读一两句简单文字。如果文字太长，她打开头的一些文字时会“忘记”后面的内容，要在打后面的文字时，她必须再看一遍原件。这就是因为先打的文字阻碍了后面文字的记忆，她打后面文字的时候，前面的文字已经忘记了。

产生记忆“系列位置效应”的原因就是：开始学习的时候头脑很灵光，没有受到先学习的材料的阻碍，只会受到后来学习的材料的干扰；结尾部分的材料只受到前面学习材料的影响，没有后续学习的干扰；而中间部分的材料既受到前面材料的阻碍，又受到后面材料的干扰，记忆的效果当然就不好了。

为我所用

心理学研究和实践经验都告诉我们，要使我们的记忆效率提高，就必须按照科学的记忆规律记忆。只有把“U 形记忆曲线”的科学理论运用到我们的记忆实践中，让系列位置效应发挥积极的作用，我们的记忆才能发挥到最佳状态。为此，人们根据科学的记忆规律，总结出许多行之有效的记忆经验。如，可以把重要的内容有意识地放在开头和结尾进行记忆或处理，因为背课文时，开头与结尾的效果最佳。记忆量大时，可以不按章节顺序进行背诵，每次复习开头和结尾的章节都不同，每个知识点出现在开头和结尾的次数大致相当，以此来克服按顺序背诵时中间部分记忆效率低的问题。我们也可以把较长的记忆材料分成几段，中间插入休息时间，增加开头和结尾的次数，一次提高记忆效果。

系列位置效应不光在记忆上能得到启发，在学习上也能获取很多有意义的方法：

1.“一天之际在于晨”，清晨起床和晚上临睡前是最好的学习时段，也就是指早读和晚自修。这两个时段学习可以取得很好的学习效果（前提是睡眠有保证），请各位同学千万不要把这宝贵的时间用在聊天或上网等事件上。

2.每次学习时间不宜过长。时间过长，中间部分就相应增加，学习效率就会下降。

3.合理调配学习的材料和题目。不同的学习内容和材料要穿插进行，以此来克服单一材料刺激所引起的思维抑制，同时能够避免相同材料所引起的相互干扰。

4.要重视一节课的开头和结尾。上课前准备好相关学习用具，不要让上课的前 10 分钟在找练习本的过程中度过，也不要让快下课的后 10 分钟在想象课后如何玩耍中度过。并且提醒自己要多留意中间部分的学习内容，提高总体效率。

出奇制胜——首因效应和近因效应在人际交往中的应用

心理学的研究表明，在人与人的交往中，刚认识的时候，对一个人的第一印象好，就认为他很友善；而在认识久了，彼此已经相当熟悉时期，近因效应也同样会产生重要影响，甚至比首因效应影响还大。张林与李萌是小学同学，从那时起，两个人就是好朋友，对方非常了解，可是近一段时间李萌因家中闹矛盾，心情十分不快，有时张林与他说话，动不动就发火，而且一个偶然因素的影响，李萌卷入了一宗盗窃案。张林认为李萌过去一直在欺骗自己，于是与他断绝了友谊。其实这就是近因效应在起负面作用，最近做了一件错事，会让人觉得这个人一直都是坏人。因此，我们在人际交往中需要擦亮眼睛、明辨是非，不让首因效应和近因效应的负面作用干扰我们生活。

谁偷走了我的记忆？

世界上最健忘的人

美国康涅狄格州哈特福德市82岁老翁亨利·古斯塔夫·莫莱森在1953年因为癫痫接受了一次大脑手术，导致他患上了深度健忘症，失去了对任何最新记忆的存储能力。莫莱森永远只有20秒的记忆，健忘症并没有伤害他的智力或性格，不过他再也无法找到一份工作。从1953年以来，任何他在大脑手术后认识的"老朋友"永远都是新朋友；他经常会向别人讲述同一个笑话，因为他不记得刚刚对别人说过这笑话；他记不住新家的地址，总是到手术前的住所；他记忆中的自己永远是32岁，当他看见镜子里面白发苍苍的自己时，惊奇地问镜子中的老人是谁。在过去55年中，他对任何人或事情"过目就忘"，被称为"世界上最健忘的人"。

深有感触

我们对遗忘都不陌生，虽然不像莫莱森那样由于疾病变得健忘，但遗忘还是会时常发生，比如我们基本上回忆不起3岁前发生的事情，平日里我们偶尔也会忘记带钥匙、忘记锁门，背了一段时间的课文也会渐渐淡忘。遗忘是指回想不起来过去识记过的材料，或者是把事情记错了。

遗忘是一种复杂的心理现象，但它的发展也有一定规律。最早进行遗忘研究的是德国的心理学家艾宾浩斯(Ebbinghaus，1885)，他通过大量的实验画出了记忆遗忘曲线(如下图所示)。这条曲线告诉人们在学习中的遗忘是有规律的，遗忘的进程不是平均的，不是固定的一天丢掉几个，转天又丢几个的，而是在记忆的最初阶段遗忘的速度很快，后来就逐渐减慢了，到了相当长的时候后，几乎就不再遗忘了，这就是遗忘的发展规律，即“先快后慢”的原则。观察这条遗忘曲线，你会发现，学得的知识在一天后，如不抓紧复习，就只剩下原来的25%；随着时间的推移，遗忘的速度减慢，遗忘的数量也就减少。

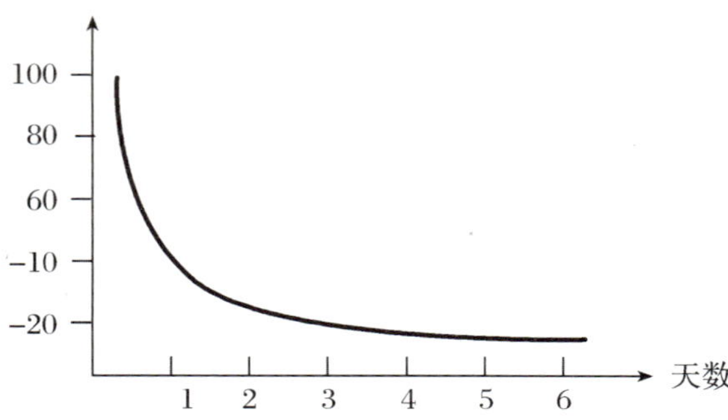

另外，我们的记忆力并不是时刻保持不变的，每天中有记忆高潮，也有记忆低潮。在记忆高潮的时候学习的知识不容易被遗忘，记忆低潮的时候学习效率低，遗忘很容易就发生了。研究发现，一天中有4个记忆高潮时间点，第一点是清晨6～7点，第二点是上午8～10点，第三点是傍晚6～8点，第四点是临睡前一两个小时。当然每个人记忆规律有所不同，同学们应该记录自己学习效率最高的时间，应根据此记忆规律，安排好各门功课的复习时间表，以期收到好的学习效果。

记忆除了受到时间影响之外，还受到很多因素的制约，比如说，记忆材料的性质：与我们最相关的、有意义的材料更容易被我们记住；记忆材料的数目：记得越多，忘得也越多；学习程度：已经能够背诵的材料再多学习几遍，就不容易被忘记；识记材料的位置：处在识记材料中间位置的内容遗忘最多；识记者的态度：对自己重要的，感兴趣的内容，记忆效果更好。

背后玄机

我们经常感叹“要是我不会忘记学习过的知识该多好啊！”可是由于生理和心理方面的原因，遗忘就发生了。生理上的原因主要包括意外伤害（车祸伤及大脑）、疾病（老年痴呆等）、疲劳等，心理上的原因主要包括以下几种说法：

有的心理学家认为，记忆像一般事物一样，有发生、发展、衰老等过程，记忆过的东西在大脑中形成短暂的神经联系，如果没有得到重复的加工，这个短暂的神经联系就衰退了，这时就产生了遗忘。也就是说，新学习的知识如果不及时复习，随着时间的推移，就被遗忘了。

也有心理学家认为，遗忘的发生是因为我们学习的材料受到其他信息的干扰。先学习的材料会阻碍后学习的材料，后学习的材料干扰先学习的材料。因此学习过程中应该注意规划，相同的科目不宜学习太久，不然的话，学习材料相互干扰，很容易被忘记。应该将不同学科搭配学习，并适当休息。

在生活、学习中，有时候我们明明知道某个事情，话到嘴边就是想不起来，事后又想起来了，这种现象被称为“舌尖现象”或者“话到嘴边现象”。例如熟人相见却叫不出名字，忘记了刚刚想说的话，提笔忘字……但事后正确答案不假思索油然而生。这种情况说明，遗忘是暂时的，就像把东西放错了地方暂时找不到了，只要有了正确的线索，所需要的信息就能被回忆出来。在学习中也是一样的，对于重点知识应该多做笔记，根据笔记的提示回忆学习内容。

为我所用

在了解了遗忘规律之后，我们应该将这些规律运用于日常学习中。根据“艾宾浩斯遗忘规律”，我们可以按照以下六步进行日常学习：第一步，课后花费 2～5 分钟“过电影”回忆；第二步，午休时间利用 15～20 分钟将上午所学内容全部“过电影”回忆一遍，便可巩固记忆；第三步，下午安排时间户外活动、休息，调整心理和精神状态；第四步，晚上结合已学习的知识复习，温故而知新；第五步：晚上睡觉前再“过电影”回忆，便可使记忆保持两周以上；第六步：两周后再复习，这些知识就长期地保留在长时记忆中，不会被忘记了。

心理学研究发现，单靠视觉只能记住学习内容的 25%，单靠听觉只能记住 15%。宋代学者朱熹曾经提出，读书要做到“三到”：“心到、眼到、口到。”说的就是要将视觉与听觉结合起来，协同记忆、理解记忆。单纯阅读或单纯背诵的效果一般，边背边读可以增加记忆量，节省记忆时间。具体做法是，先将材料读上几遍，然后尝试着背诵一遍，记不住的地方再读几遍，然后再背，直到彻底记住为止。然后回想一下刚才记忆的内容，并将其中的重点内容（如标题和关键词）背出声来，其中遗忘的内容作为下次背诵的重点。此法尤适于背诵外语、政治、历史、语文这类记忆性较强的学科内容。

每个人每天的记忆高潮不同，需要根据自己的记忆规律来制订复习计划。有的同学属于“百灵鸟型”，早上记忆力好，学习效率高，这样的话，就应该把重要知识点、难度大的问题拿来早上背诵；有的同学属于“猫头鹰型”，晚上头脑清楚、记忆力好、思路开阔，就要把重要内容挪到晚上记忆。当然，并不是说只有在记忆高潮的时候才能记忆，而是为了达到更好的记忆效果，把重点知识的背诵集中在记忆力好的时段。

总体而言，要达到好的记忆效果，避免遗忘，就应该按照记忆的规律进行适当的复习，心到、眼到、口到，找出自己记忆力最好的时段加强记忆。此外，还需要相信自己能够记住所学内容，对自己的记忆力有信心，保持良好心态，积极努力学习。这样的话，肯定能够把知识牢牢地记在脑子里。

妙笔点睛——选择性遗忘

在电影、电视剧里，经常会出现这样一种情况：主人公一家经历车祸，父母当场死亡，他活了下来。事后，主人公失忆了，他把关于车祸的事情忘得一干二净，然而其他事情还记得清清楚楚。这种遗忘叫做选择性遗忘，是一个人对某个时期内发生的事情，选择性地记住一些，忘记一些。一般来说，都是忘记了那些恐怖的、悲伤的场景。选择性遗忘并不是真的忘记了，只是人们为不让自己回想起那些悲恸的场景而感到伤心害怕，不自觉地把这些记忆隐藏在潜意识里面。这是一个自我保护方式，但是当类似的场景发生的时候，被遗忘的记忆还是可能再次回忆起来。

记忆是座宫殿

神奇的宫殿记忆法

2010 年 12 月 5 日，20 岁的武汉大学学生王峰参加第十九届世界脑力锦标赛问鼎世界记忆总冠军，打破了欧美人独占这项桂冠 19 年的历史，被授予 2010 年度世界大脑年度人物。尤其是在 5 分钟快速数字的比赛项目中，他得到了满分，记住了 480 个数字。问及他记忆的诀窍，他说他闭关三个月苦练宫殿记忆法。

宫殿记忆法是中世纪一个传教士发明的一种快速记忆方法，主要是说当需要记忆的东西太多时，可以把大脑想象成一座宫殿，有很多间房子，每个房间有很多格子，这样把需要记忆的东西都放在里面，同时通过生动的联想，越是血腥的恐怖的越记忆犹新。宫殿记忆法的基础是这样一项事实：利用我们熟知场所（记忆宫殿）和需要记忆的数字进行联系，回忆就是参观记忆宫殿的过程。

深有感触

当然，我们中的大多数人不是要做王峰那样的记忆冠军，但是我们都希望自己有个好的记忆力学习外语、记住演讲内容、准备考试以及其他事情。按记忆效率来划分，记忆分为从低到高三个层次，也就是三种记忆方式，分别是：声音记忆、图像记忆、逻辑记忆。

声音记忆就是俗称的死记硬背，是最常用却效率最低的方法。无论我们记忆手机号、人名、英语单词，还是背诵文章，绝大多数人都是在对他们自己的声音进行记忆。你现在就可以尝试着回忆一个手机号，或者回忆一个单词，或者回忆一句歌词、诗句，你就可以很清楚地感觉到，自己事实上是在回忆一些声音的排列顺序。即使我们通过默写的方式来记忆英语单词，其实也是在帮助我们默读。如果我们在这样背诵的时候仅仅不断重复着记忆自己的声音，而没有同时进行生动、丰富的想象，那么就是纯粹的死记硬背，这样的记忆效率，是非常低下的。

图像记忆是快速高效的记忆方式。目前社会上流传的各种快速记忆方法，基本上都是属于图像记忆。它的基本原理，就是把所有需要记忆的材料，通过各种方式转化为生动具体的图像，从而被快速而且牢牢地记住。图像记忆这种能力，事实上人人都具有，例如我们记得自己和老师同学的模样、自己家里的装饰，包括看电视、电影、有趣的小说等，都利用了我们的图像记忆能力。

逻辑记忆只有面对非常有规律的记忆材料时才有用。例如记忆下面这组数字：

1、3、5、7、9、11、13、15、17、19、21

只要稍微看一下，找出排列的规律，那么根本就不需要一个个数字去记，而只需要记住这些规律就行了。特别是这些数字非常多，但规律又很简单的时候，逻辑记忆就能够充分显示出它的优势来了。

在以上三种记忆方式中，逻辑记忆无疑是最轻松、最快速的，但当记忆材料本身并没有明显逻辑的时候，逻辑记忆就很难直接用上了。这个时候，你选择图像记忆还是选择声音记忆，就直接决定了你的记忆效率。大多数人并不懂得如何有效地运用图像记忆，因此也就只有本能地、习惯性地使用声音记忆了，这就是人们总是为了记忆而头痛的根本原因。

背后玄机

很多亚洲人以为只有亚洲人才会有背诵情况，其实全世界的人学习过程当中都会有重复性的学习，这简直是全世界的共同现象，其中一个原因就是重复或是背诵的学习方式是一个自然而然的记忆系统。小时候学东西时，我们很自然会模仿人家，或者讲我们所听到的东西，因此背诵、重复的学习功能是从很小的时候自然而然建立起来的。由于这个功能可能是我们最容易掌握的功能，也是在我们成长过程当中十分好用的功能，因此大部分的人太过于依赖这种功能。在这种情况下，很多人把背诵的工具描述成死背或者硬记，因为这个负面的描述，很多人会认为“背诵”是个不好的工具，其实它唯一不好的就是过度地被应用或者滥用。换句话说，有些情况下“背诵”是个很好的记忆方法，比如学说话、学英语、学唱歌等，但有些需要更多理解的情况下，“背诵”就显得不够了。

为什么图像记忆效率会比声音记忆高呢？当你试着回忆一年前发生的事情时，是不是一幅幅画面闪过你的头脑？那是因为我们更常运用眼睛来取得外界的信息，视觉是人类最常用的感官，日常生活中将近75%的信息都是通过眼睛获得的，而且由视觉所获得的信息，远比通过其他感官系统来得有层次、有深度。正常人的眼球都是超级而且快速的扫描仪，经由眼睛所扫描的图像一旦储存在头脑记忆区，几乎一辈子都会留存在脑中。

逻辑记忆是人类思维发展的结果，我们能够利用思维抽象出事物之间的本质关系，记忆事物之间的规律从而达到“不记而记”的效果。

为我所用

我们都渴望自己拥有“过目不忘”的本领，面对厚厚的英语单词手册、复杂的数学公式、抽象的物理定理，我们就可以轻而易举地记住。可现实生活中，我们的“记忆”成为提高学习成绩的第一个拦路虎。下面结合上文介绍到的三种记忆方法提供几个帮助提高记忆效率的方法，希望对同学们有帮助。

声音记忆法是我们惯用的方法，声音记忆并不是机械地重复，也可以有很多记忆策略。比如：歌诀记忆法，把需要识记的材料编为朗朗上口的歌诀，就能达到很好的记忆效果。中国历史年代编为：“尧舜禹，夏商周，春秋战国乱悠悠。秦汉三国晋统一，南朝北朝是对手。隋唐五代又十国，宋元明清帝王休。”

现在很多机构和媒体推广记忆技术，其核心就是图像记忆，通过充分地发挥图像记忆的功能，可以让我们的记忆效率比传统的记忆方式高十多倍甚至数十倍、上百倍，并且能够让我们的记忆过程充满乐趣。图像记忆效率高、复习次数少、保持时间长，记忆效率远远高于传统的记忆方式。举个例子，你需要记住唐宋八大家：韩愈、柳宗元和宋代欧阳修、苏洵、苏

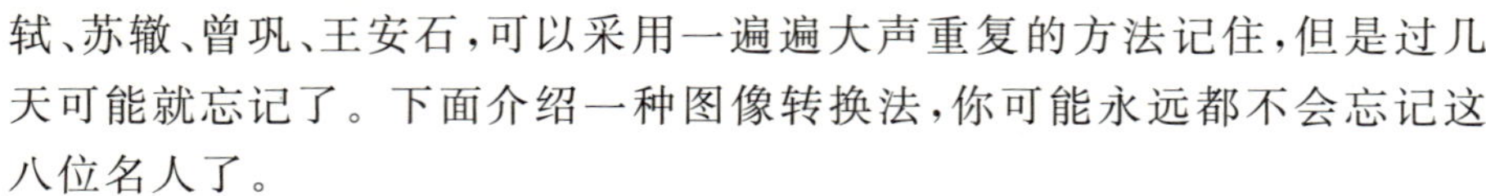

轼、苏辙、曾巩、王安石，可以采用一遍遍大声重复的方法记住，但是过几天可能就忘记了。下面介绍一种图像转换法，你可能永远都不会忘记这八位名人了。

记忆方法：

(1)转换图像：韩愈==含玉，柳宗元==柳(树)，欧阳修==(太)阳，苏洵、苏轼、苏辙==三苏==三叔，曾巩==巩==拱桥，王安石==石(头)，

(2)在脑海里组合图像：

桥由石头组成

旁边有棵柳树

天上有个太阳

桥上站着个三叔

三叔嘴里含块玉

其实，快速记忆并不是一小部分人天生的能力，而是所有人都具备的能力，只不过很多人并不了解运用这种能力的方法而已，就像一个身怀极强功力的人，由于没有学过武功招式，而没有办法把这些功力释放出来。因此，在日常生活学习中，要有意识地锻炼自己图像记忆的能力，采用一定的图像记忆法辅助学习记忆，将会得到意想不到的效果。

妙趣横生——大家来学宫殿记忆法

宫殿记忆法主要包括以下五个步骤：

第一步：选择你的宫殿

首先，你需要选择一个你非常熟悉的地方，你必须仅仅用你精神的“眼睛”就能身临其境。其次，试着在你的宫殿里确定一条特别的路线，而不只是再现静止的场景。如果你选择家作为宫殿，想象对你家做一次详尽的巡视，打开门，进入每一个房间，而不只是简单地把你家图像化。

第二步：列出明显的特征物

现在你需要注意所选场所里的明显的特征物。举例，如果你选择巡视你的家，大门应该是第一个引起注意的特征物。继续在你的记忆宫殿里做虚拟漫步。进门之后，第一个房间里有什么？什么是下一个引起你注意的特征物？可以是餐厅中间的桌子，或者是墙上的一张画。一边走一边继续在头脑中记录其他的特征物。它们中的每一个都将成为一个

“记忆槽”，等下你就可以用来储存一个特定的信息。

第三步：把宫殿牢牢印在脑中

要让这个方法有效，最重要的就是要让这个地方或者路线百分之百地印在你的头脑中，尽你所能去记住它。你可以按照路线亲身走上一遍，当你看见那些明显的特征物时，大声地重复。只要你自信已将路线深深印在你的头脑中，你就算准备好了。你已经拥有你的宫殿，它将可以反复用于记住任何你要记住的东西。

第四步：联系

现在你是宫殿的主人，可以好好利用它了。过程很简单：你选择一个已知的图像和你想记住的要素结合起来。比如，你的购物清单是：鸡蛋、饼干、梳子等，我们从简单的开始：用“家”这个记忆宫殿来记这个清单。你在头脑中看见的第一个特征物是你家的大门。现在，用一种滑稽的方法，把“鸡蛋”和你家大门的样子形象化地结合起来。比如，你想象你家大门就是一个巨大的鸡蛋，敲一下就蛋黄四溢；你也可以想象你家门口下鸡蛋雨。形象越是夸张越容易被记住。用同样的方法把饼干和下一个特征物联系起来，直到你完成所有物体的记忆。

第五部：参观你的宫殿

到这一个步骤，你已经记住了那些项目。但如果你是个新手，你可能还需要做一点复习，至少要把行程在头脑中演练过一次。

这五个步骤完成后，购物清单已经深刻的印在你脑子里了。平时可以刻意的进行这样的练习，熟悉之后，记忆宫殿术将带给你神奇的记忆效果！

第五章　想象让思维变得浪漫

思维：去伪存真，去粗取精

侦探是怎样“炼”成的？

阿凡提智斗巴依老爷

不要小看一枚曲别针

势不可挡的“穿越”

改变世界的“苹果”

思维：去伪存真，去粗取精

两个男孩的思维有何不同？

甲、乙两男孩儿在森林里散步，突然遇到了一只老虎，男孩甲算出老虎将在17.3秒中追上他们，他撒腿就跑。男孩乙从背后取下一双轻便的运动鞋换上，甲急了，大叫："你疯了，我们跑不过老虎的，你再换鞋就跑不了了！"乙说："没错，但我只要跑得比你快就行了……"

故事中的两个男孩都很聪明，但是由于他们的思维方式不一样，他们聪明的方式也不同。第一个男孩善于计算、分析问题，第二个男孩更善于从实际情况中解决问题，可以说，不同的思维方式决定人不同的命运。思维是什么？有什么重要作用？我们将在这里展示人类思维的奥秘。

深有感触

我们看到、听到、感知到的事物在头脑里留下印象，并不代表着我们就明白它是什么，必须经过思维加工才能清楚当中蕴含的道理。比如，我们看一则笑话，眼睛看到的只是字，如果没有思维参与弄清楚其中的意思，就不会觉得好笑了。

人们在生活实践中往往会遇到很多光靠感觉、知觉和记忆解决不了的问题，这就需要我们在已有的经验、知识的基础上，通过迂回、间接的途径去寻找答案，需要我们"去伪存真、去粗取精、由表及里、由此及彼"地进行改造，从而解决问题。这种通过概括、间接的方法"改造"问题的过程，就是思维活动。思维的概括性是指，把有相同性质的事物抽取出来，加以概括，并得出认识。比如人们把在天上飞的、有翅膀、有尖尖的嘴的动物统称为鸟；5只老虎、3只山羊、7只猴子、2只猫中的数字就是对物体个数的概括。思维的间接性是通过其他线索来推断事物发展状况的能力，例如，警察在犯罪现场，通过寻找罪犯在现场留下的一些蛛丝马迹，就可以在脑中推断出罪犯在现场作案时的场景；医生在给患者看病时，通过病人描述症状以及化验结果就可以推知病人的病情。思维可以超出现实，通过想象，建立新的、不存在的事物。相传鲁班入深山砍柴，不小心被茅草划破手指，他观察到茅草边缘凹凸不平，很锋利，他因此仿照茅草的边缘发明了锯子；人们嫌洗衣服麻烦，希望能有其他物品代替体力劳动，就发明了洗衣机。如果人类没有思维，就还是和其它动物一样在深山老林过着原始的生活。

在解决问题的过程中，我们需要利用不同类型的思维。我们的手机坏了，开不了机，问题出在哪里呢？手机修理者必须通过检查手机部件来确定问题，才能采用相应的方法修理。这样通过实际操作解决直观而具体的问题的思维活动叫做动作思维。画家在创作一幅画前，会在头脑中构思，设计可能出现的形象；作家根据想象中的情景进行文学创作；幼儿园小朋友开始学数数的时候想象面前有一堆苹果，一个个开始数。像这样，人们利用头脑中的形象解决问题时就是形象思维。当面对比较抽象、复杂的理论时，就需要利用逻辑思维来解决问题了，像学生学习各科文化知识、警察破案、我国的载人航天飞船的设计等，就需要严密的逻辑思维。

背后玄机

我们已经学习过感觉、知觉和记忆了，那么思维和这些功能有什么不同呢？思维是以感觉和知觉为基础的一种更高级的认识过程，它通过大脑的分析对感觉信息进行加工，同时，在记忆的帮助下，认识到事物的本质以及它们之间的复杂关系。

人们的思维方式不尽相同，如同故事中的两个小男孩一样，一个善于分析问题、一个善于解决问题。著名心理学家斯滕伯格认为，人类主要存在三种思维模式：分析性思维、创造性思维和实用性思维。每个人都有他擅长的思维方式，不同思维方式在学生学习状况上表现不同。擅长于分析思维的学生学习新知识的时候接受能力强、记忆力效果好，通常学习成绩很好；擅长于创造性思维的学生不喜欢按部就班的学习新知识、喜欢想出自己的主意，不喜欢被学校的规则束缚，喜欢我行我素，一般来说成绩中等；擅长于实用性思维的学生给人的感觉很狡猾，喜欢将学到的东西应用于实际生活，动手能力很强，但是他们通常讨厌学校学习，老师很难管教，一般成绩不好或者差。这样一来，大家可能会认为分析思维比较好，能够帮助学生取得好成绩，实际上，思维方式是没有好坏之分的，只是在不同的场合优势不同。在学校里，学生需要学习很多新知识，擅长于分析思维的学生就能取得好成绩。然而，在工作中，创造性思维和实用性思维就显得更重要了。有的学生成绩非常好，但是在工作中表现很平常甚至表现很差，这就是他们的实用性思维较差造成的。

为我所用

思维非常抽象，但在日常生活中，从吃饭穿衣到朋友聚会，从休闲娱乐到科学研究都离不开思维。还不会说话的孩子就能够通过简单的动作向母亲传达自己的需求；上幼儿园的小朋友通过动手画画、做手工来表达丰富的想象；学生学习数学规律、物理定理、化学公式，认识宇宙世界的奥秘；工人们制造出更加实用丰富的生活产品；政府出台政策、颁布法令是委员经过深思熟虑的结果。可见，我们的生活离不开思维，我们需要在生活中培养良好的思维能力。

说到思维，就不得不说到学习，二者不是独立的，而是紧密联系在一起的。思维能力是在学习社会经验和科学文化知识的过程中培养起来的，同时，良好的思维能力可以指导我们更快更好地学习知识。因此，学校教育对培养学生良好思维能力起到关键的作用。比如，学校除了开设语文、数学、外语等常规课程外，还开设实验课、兴趣小组等，同学们参加这样的课程，有利于培养自己的动手能力、观察能力等；老师在上课的时候也注重启发学生思考，培养学生发现问题、解决问题的能力，小组讨论、团队配合的能力。

除了在学校学习外，还有很多机会锻炼我们的思维能力。首先，学会发问，问问题是通向思考的大门，我们应该保持好奇心，面对不懂的问题就主动询问；然后，要学会批判性地思考，孟子说“尽信书不如无书”，也就是教育我们不能不加思索地接受外界的信息。学习了新知识、认识到新事物后，应该思考它是不是正确的、可信的，和以前认识的东西有什么不同；最后，要学会和同伴讨论，启迪思维。俗话说得好“三个臭皮匠，顶个诸葛亮”，同伴们相互讨论能够发现解决问题的新方法，尤其是遇到困难的问题时，一个人思考可能会钻牛角尖，陷入死胡同，同伴们一起思考，不同的思维方式相互弥补，就能找到解决问题的方法了。

妙笔点睛——男生女生的思维方式不同

在日常学习中，我们常会听到老师或者家长的评价：女生记忆力强，语文、英语成绩好；男生逻辑思维比较强，数学成绩比较好。这样的说法并不是没有依据的，男女生在不同学科上的优势是思维能力的直接体现。女生更加擅长于分析思维，接受事物的能力强，男生擅长于逻辑思维，空间想象力强。俄罗斯科研人员通过试验发现，男女思维的差异与大脑左、右半球的发育程度有关。女孩的大脑左半球发育要早一些，而大脑左半球的发育程度与语言发展有着密切联系。在童年时代，女孩通常比男孩拥有更好的记忆力；但随着年龄增长，男孩通常表现出较强的联想与思维能力。到12～15岁期间，男孩子大脑的右半球的发育要快一些，联想和思维能力开始提高。

侦探是怎样“炼”成的？

谁真谁假？

某日，大侦探办完事开车回家。

在一个岔路口，有一个年轻女郎挥手想搭车，大侦探就让她上来了。

向前开了没多远，后面有车跟上来，车灯很刺眼。

女郎回头看了一下。

“后面是我丈夫和他的朋友，这下完了，他们都是亡命徒，会杀了咱们的。”

“是吗？”

“不过他们都见钱眼开，等一下你给他们点儿钱就可以了。”

“我看应该给你一副手铐！你们用这种方式骗了多少钱了？”

“我……”

大侦探是怎么识破他们的呢？

深有感触

你猜出大侦探说的是什么了吗？这里的“猜”当然不是像猜硬币一样瞎蒙，而是推理的结果。推理是由一个或者几个已知的判断推出另一个新的判断的思维形式。在推理中，我们把已知的判断叫做前提，把由已知事实推出的判断叫做结论。上面的推理故事中，事情的经过就是前提，我们需要给出的推论结果就是结论。言归正传，这个故事中，后面的车灯很刺眼，女郎是看不见车上的人的。大侦探通过观察和推理识破了她的骗术。在推理的帮助下，我们能拨乱反正，还原事情的真相。它是一个严谨的过程，我们需要根据已知的内容细细推敲，步步为营，才能得到答案。侦探的推理能力并不是天生的，是对推理过程的了解和勤加练习的结果。

推理是一种非常重要的思维能力，除了警察破案、科学推理等我们比较熟悉的领域外，生活中处处都离不开推理。比如说，我们要给一个朋友买生日礼物，买什么好呢？就需要根据这个朋友日常喜好、性格等挑选一份他可能喜欢的礼物；又比如，你看到路边上有一颗橘子树，树上挂满了红橙橙的橘子，非常诱人。你观察了一下周围，没有人看守，也没有恶犬埋伏。你要不要去摘一个橘子吃呢？这个时候就需要推敲推敲了，这棵橘子树长在路边上，没有人看守，怎么还会有这么多果实没被人采摘呢？可能是橘子酸，没人愿意吃；可能是橘子喷洒过毒药；可能是大家遵守着保护橘子树的规则，不随意采摘。你所想的这些就是根据你观察到的前提进行推理的过程，推理的结论直接决定着你是否去采摘橘子。

日本人曾经利用报纸和新闻上关于中国大庆油田的零星报道，推测出大庆油田的大小和产油量，在我国政府向世界各国征求开采大庆油田的设计方案时，日本人一举中标。日本人的推理过程是这样的：他们看到中国画报刊登的铁人王进喜身穿棉袄，背景上有积雪，推测油田在东北三省偏北处；大庆油田什么时候出油呢？估计是1964年，因为这一年王进喜参加了全国人民代表大会，如果不出油，他是不会被选为人大代表的；日本人还准确推测出了大庆油田的产量和油井的直径，依据是《人民日报》一幅钻塔的照片和《人们日报》上刊登的国务院政府工作报告……冥王星的发现也是科学家们推理的结果，研究人员发现海王星的实际运行轨道和计算出来的轨道有一定差距，他们推测，海王星轨道之外还存在一个未知行星，这颗行星对它的吸引力影响了它的轨道。但是这颗行星太远太暗了，经过几代人近一个世纪的努力，它在1930年2月18日才被发现。

可见，小到我们日常生活中的衣食住行，大到科学发现、国家政策的制定，都离不开推理。

背后玄机

如何保证我们推理的结论是正确的呢？一般而言，推理需要具备两个条件：一是前提要真实，也就是说前提应该反映真实的内容。如果前提是：地球是方的，那么肯定推出结论：我们能找到地球的边缘。实际情况是：我们找不到地球的边缘。之所以出现错误的结论，是因为这个推理中的前提是错误的。二是推理形式要符合逻辑规则，不是偶然形成的。比如说，你有一次在逛街的时候，钱包被一个戴墨镜的人偷了，然后你就认为戴墨镜的人都是小偷。实际上这是一个错误的推理，正如“骑白马的不一定是王子，还可能是唐僧”一样，白马和王子之间没有必然联系，小偷和戴墨镜之间也不存在必然关系。小偷可能戴墨镜，也可能不戴，戴墨镜的人可能会偷东西，也不一定会偷东西。

推理的正确性除了受到前提真实性和是否符合逻辑规则的影响外，还有很多因素比如说常识、问题的性质等。给你的前提是：1＋1＝2，1＋2＝3，请问推理的结果是什么。你的答案是什么？2－1＝1？3－2＝1？或者是1＋3＝4？这些都不对，正确的推理结果应该是：1＋1＋1＝3。要注意，这里是推理而不是数学题，线索中只给出了“1、2、3”三个数字和“＋”、“＝”两个运算符号，其他数字和符号都不在这个推理范围内。这个推理题完全可以改成：□＋□＝○，□＋○＝※，结论是：□＋□＋□＝※，此时我们作出正确推理的可能性就大大提高了。

为我所用

推理能力是一个人应具备的重要能力之一，无论是在日常的生活中还是在未来的职业中，每个人都应在思考、交流的过程中做到清晰、有条理、合乎逻辑。我们要如何提高推理能力呢？应该注意以下几点：第一，要丰富基本常识，保证推理前提的正确性。第二，要养成从多角度认识事物的习惯。逻辑推理是在把握了事物之间必然联系的基础上展开的，因此养成多角度、全方位认识事物内部与外部之间多种多样的联系，对逻辑推理能力的提高有着重要作用。要学会“同中求异”的思考习惯：将相同事物进行比较，找出其中在某个方面的不同之处，将相同的事物区别开来。同时还必须学会“异中求同”的思考习惯：对不同的事物进行比较，找出其中在某个方面的相同之处，将不同的事物归纳起来。第三，要丰富有关思维的理论知识，一般而言，随着年龄的增加，思维的灵活性和深刻性不断增加。初中生的逻辑思维发展很快，大家需要在这时有意识地用思维理论来指导逻辑推理能力的发展。第四，保持良好的情绪状态。不良的心境会影响逻辑推理的速度和准确性，失控的狂欢、暴怒与哭泣，持续的忧郁、烦恼和恐惧都会对推理产生不良影响。

匪夷所思——翻哪张牌才是正确的？

图中有四张卡片，卡片的一面写有字母，另一面有数字。要求同学们

通过翻看那些牌来证明下面这个命题是否正确。命题为：若卡片的一面是元音(A、E、I、O、U)，则另一面为偶数。请同学们不要看答案，写下你的答案。

E	F	4	7

你的答案：________

正确答案："E"和"7"

你是否做对了呢？如果对了，恭喜你，成为了为数不多能作出正确推理的人。做错了也不要气馁，因为这个推理题存在陷阱，很多人都会选择翻看"E"和"4"。人们在推理的时候总有一种强烈的证实命题是正确的想法，而很少去考虑命题的反面是什么情况。本题要作出正确的选择应该这么考虑：正面是元音反面是偶数，但偶数的对面不要求是元音，所以只需要翻看"E"，翻看"4"是没有意义的；从另外一个角度看，元音字母对应偶数，那么，奇数背面就不能是元音，因此，需要翻看数字"7"。

阿凡提智斗巴依老爷

阿凡提智斗巴依老爷

一天,巴依老爷想骗走阿凡提的小毛驴,就和他打赌,如果阿凡提能分辨出两块地的大小,就给他4匹马,不能的话就要牵走他的小毛驴。阿凡提骑着小毛驴围着长方形走了一圈,然后慢悠悠地围着平行四边形走,但是走到第三边的一半时从地中间走了回来。他对巴依老爷说,两块地一样大。巴依老爷嘴里哼哼着说:"长方形地四边共4492步,平行四边形地共4618步,你说哪块地大啊,阿凡提?"阿凡提默不作声,从兜里拿出一张卷烟纸做成一个平行四边形,沿着平行四边形的高撕开,然后拼成了一个长方形。众人一看明白了,用绳子量了一次,不一会儿工夫,结果出来了,两块地一样大。就这样,阿凡提赢走了巴依老爷的4匹马,分给了村里的穷苦人。

深有感触

日常生活中,我们不至于像阿凡提一样遭到巴依老爷的故意刁难和折磨,但还是会遇到各种各样的问题,解决这些问题都需要思维的直接参与。这里所讲的问题是指疑难问题,而不是靠记忆就可以应付的问题。例如,"你今天去上学了没?"这样的问题只要回忆一下自己有没有去学校上学即可,不需要思维的参与。但像"人为什么要上学"这类的问题记忆中未必就有答案,这就需要你结合自己上学的体会、学习过的知识经过思维加工给出答案。于是就产生了问题解决的思维活动。在心理学上,问题解决是指在一定情景下,为达到特定的目标,应用各种活动、技能,经过一系列的思维操作,使问题得到解决的过程。学生上课回答问题、考试、玩游戏等,都是典型的问题解决过程。比如数学课上,老师给出题目:B>A,C>B,问A和C哪个大。要回答这个问题,就需要学生唤起头脑中关于不等式规则的知识,通过思维的推理过程,得到C比A大的结论,从而解决了问题。

我们在学习上遇到的问题通常都是问题和答案比较清楚,通常能给出一致的答案，但日常生活中遇到的问题就复杂得多，解决问题的方法也不尽相同。比如说老师让你和同学负责出一期黑板报，主题是“感恩亲情”，需要什么材料你可以提前报告给老师，黑板报具体内容和人员的分工等就交给你们了。这样的问题由于限制较少，没有固定的答案，同学们自由发挥的空间就很大。也正是因为限制较少，问题解决的结果就大不相同，15个班完成同样主题的黑板报，有的完成得很好，有的相对就要差一些。思维的作用就是尽量将问题解决得较为完善，生活中会遇到更多的复杂的问题，比如说和父母产生矛盾如何解决、身体虚弱如何调养，今后如何找一份满意的工作等等，这就需要我们提高自己的思维能力、解决问题的能力。

背后玄机

研究问题的解决，是从动物实验开始的。19世纪末，美国科学家桑代克用猫做了著名的迷笼实验，他将一只饿了很久的猫放进笼子里面，笼子外面放着食物，如图所示。猫想要吃笼外的食物，在笼子里上蹿下跳，乱冲乱撞。偶尔的一次，猫碰到了开关，打开门吃到了东西。以后再将它放在笼内，经过几次这样的练习，猫慢慢学会了开门。于是，桑代克认为，问题的解决是一个尝试错误的过程。人类在解决问题的时候也存在尝试错误的过程，最简单的，我们拿到一串钥匙，不知道哪把钥匙是对的时候，我们就会一把一把试，总会找到对的那把钥匙；发明非典病毒疫苗的时候，科学家们经过了无数次的试验；爱迪生发明电灯泡，经历了13个月的艰苦奋斗，试用了6000多种材料，试验了7000多次，终于有了突破性的进展，世界上第一盏以碳化棉线为灯丝的灯泡亮了45个钟头。

随着计算机科学的兴起，人们把问题解决的过程和计算机解决问题的过程相类比，并用计算机模拟人类解决问题的行为。计算机解决问题的方

法有两种：一种是找出解决问题的所有办法一一测试，选出其中最佳的答案；另一种是根据最终的目标选择成功可能性大的方法试验。比如说，我们要去给妈妈买一份生日礼物，第一种方法就是把你所在的整个城市的商店都逛一遍，最终选择你看到的最合适的礼物。显然，要逛完一座城市所有的商店并不是一天两天就能完成的事情，就算逛完了也不记得看了哪些商品。我们通常的做法是去几家你认为不错的商店，根据妈妈的喜好，对比几件物品，觉得合适的话就买下来。可见，第一种方法肯定能够找到一份最好最合适的礼物，但是花费太多时间和精力，一个普通人是难以完成的；第二种方法能够简单快速地买到礼物，虽然不一定是整个城市礼品中最好最合算的，但你是根据买礼物最重要的标准进行挑选的，这样的礼物妈妈喜欢的可能性很大。

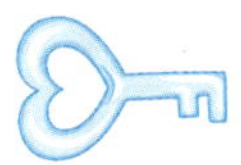

为我所用

解决实际问题的能力是我们日常生活中必需的一项技能，学习解决问题的一般方法，对我们的工作学习起着重要作用。

解决问题的第一步是发现问题，发现问题是问题解决的开端，也是问题解决的动力，发现问题甚至比解决问题更重要。比如，一个学生经常玩游戏晚归，父母没有注意到这个问题而及时制止，等到期末考试成绩一落千丈的时候再来解决这个问题就困难多了；某个人已经表现出疾病的征兆，但一直视若无睹，等到住院的时候已经病入膏肓，医生也束手无策了；在国际水平上，政府过了很久才意识到艾滋病的危害，那个时候艾滋病已经蔓延成一个全球问题了。因此，我们需要有一双明亮的眼睛审视周围，发现问题才能找出办法及时解决。

第二步是明确问题，就是找出问题的关键，这依赖于我们对问题的全面了解，并通过分析、对比才能找出问题所在。有的学生可能发现了自己的作文得分不高，认为是读的文章不多，开始阅读大量的课外读物，可是作文成绩提高不大。这就是他没有明确自己作文问题出在哪里了，有可能他的观点很好，只是句子逻辑方面做得不好，需要加强文字运用能力而不是补充课外读物。

第三步是提出假设，在分析问题的基础上，根据问题的性质、自己的知识经验，在头脑中进行推测、预想和推论，有选择地提出解决问题的方法。比如说，小明发现自己房间里有老鼠，为什么有老鼠呢？他提出了几个假

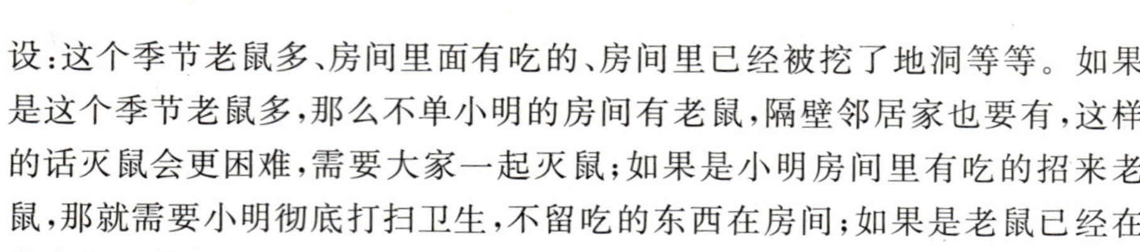

设：这个季节老鼠多、房间里面有吃的、房间里已经被挖了地洞等等。如果是这个季节老鼠多，那么不单小明的房间有老鼠，隔壁邻居家也要有，这样的话灭鼠会更困难，需要大家一起灭鼠；如果是小明房间里有吃的招来老鼠，那就需要小明彻底打扫卫生，不留吃的东西在房间；如果是老鼠已经在他房间里做窝，就应该找出老鼠洞来封上。

最后一步是检验假设，这是对假设进行验证的过程，它是问题解决的最后步骤，提出假设后就形成了相应的解决办法，这一步就需要逐个排除假设，确定最终的解决方法。按照方案行事，问题就可以迎刃而解了。

总之，在遇到问题的时候，我们应该做到头脑清楚，思维清晰，按照问题解决的步骤一步步解决问题。当然，并不是说所有问题都要按这个步骤生搬硬套，应该具体问题具体分析，灵活地解决。

奇思妙想——完成下列的密码算题

$$
\begin{array}{r}
\text{DONALD} \\
+\text{GERALD} \\
\hline
\text{ROBERT}
\end{array}
$$

已知：D=5

任务要求：

(1)把字母换成数字

(2)字母换成数字后，最下面一帮数字答案必须等于第一行和第二行之和。

你的答案：O____ A____ L____ G____ E____ R____ B____ T____ N____

提示：找出问题的关键点，顺藤摸瓜，逐一解决问题。

参考答案：

O=2　A=4　L=8　G=1　E=9　R=7　B=3　T=0　N=6

不要小看一枚曲别针

你能想到曲别针的哪些功能？

在一个关于思维的讨论会上，一个叫许国泰的中国人说他能证明一枚曲别针有无数种用法，在场的人都不相信。他分析说，把曲别针最基本的特征，比如重量、颜色、金属质地、化学性质等方面作为横坐标，把语文、数学、化学、艺术等领域作为纵坐标，就能说明曲别针的不同功用。这方案后来被称为“魔球现象”。

曲别针的重量可以做各种砝码；作为一个金属物，曲别针可以和各种酸类及其他的化学物质产生不知道多少种反应；曲别针是金属，还可以导电；在磁场中有磁性反应；在艺术中，把它绷直了，肯定有琴弦的作用。至于其他的，做成夹子、别针、绳索、挂链、项链，都是在一类中的某一项的亿万种的一种。

深有感触

对于“曲别针有何功用”、“板砖除了砌墙还能做什么”、“丝袜的新用途”等难度不是很大的实际问题，许多人给出的答案很贫乏。这里所反应的实际上就是一种功能固着心理。所谓功能固着，是指一个人看到一种惯常的事物功用或联系后，就很难看出其他新的功用和联系。

一个人对某种物体的通常用途越熟悉，就越难发现这种物体在其他方面的新功能。例如：发卡是女同学用来卡头发的，所以有些人想不到它可以充当螺丝刀拧螺丝钉；尺子是用来测量物体长度的，有些人则想不到它还可以做教鞭和指挥棒；有些人手中有尺子则能测量物体的长度，没有尺子则完不成任务等等，都是受物体的一般固定功能所限制而不能变化思考的结果。

功能固着是思维活动刻板化的反映，类似的现象在日常生活和学习中会经常发生。我们在日常生活中经常碰到，硬币好像只有一种用途，很少想到它还能用于导电；衣服好像也只有一种用途，很少想到它可用于扑灭烈火。

背后玄机

为什么会产生功能固着这种心理现象呢？这是因为一个人在遇到新出现的问题时，总是容易用过去处理这类问题时的方式或经验来对待和解决新出的问题。如果在一切条件都没有发生变化的情况下，运用已有的经验和方法会使问题得到迅速解决，提高工作和学习效率。但是如果在条件已经发生变化的情况下，仍然照搬过去的老办法，以固定的模式去应付多变的生活和学习，就会走许多弯路，不能很好地解决问题。

如图所示，房间天花板上垂下两根绳子，要求将两根绳子结起来，但是当人拉着一根绳子时，另一只手总是无法够到另一根绳子。房间地面上零星放着书、球、钳子、笔、椅子等。很多人无法正确使用地面上的物体来达到目的。正确的做法是将钳子系在一根绳子上并使其来回荡动，我们就能够抓住它了。

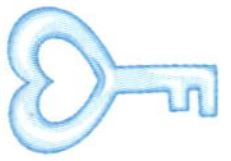

为我所用

在解决问题的过程中，人们能否改变事物固有的功能以适应新的问题情景的需要，常常成为解决问题的关键。功能固着对解决新问题有很大的阻碍作用。人们能否改变事物的固有功能，适应解决新问题的需要，往往成为解决问题的关键。克服功能固着的不良影响能消除一个人对物体用

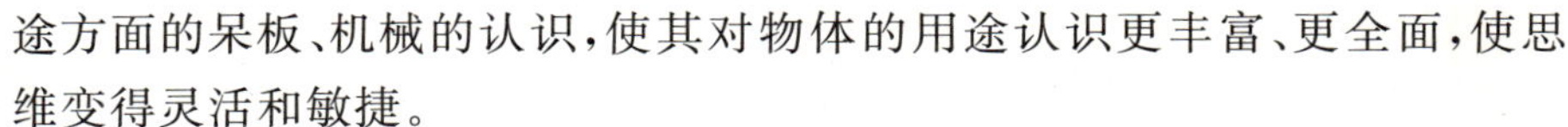

途方面的呆板、机械的认识，使其对物体的用途认识更丰富、更全面，使思维变得灵活和敏捷。

遇到问题能从不同的角度、不同的方面去考虑，使问题更加容易解决。对于培养我们的创造力有着特殊的意义，还可以增强一个人的自信心和探索新问题的勇气。那么，怎样才能消除功能固着的消极影响呢？

第一，遇到问题时能随机应变，多变换角度去思考问题，寻找答案，锻炼思维的灵活性。

第二，善于运用问题现场所提供的条件和物品，因地制宜、因陋就简地解决当前所面临的问题。

第三，丰富自己解决实际问题的经验，因为解决问题是以知识和实际经验为前提的。这就要求我们不仅对周围事物的通常用途特别熟悉，而且对其他用途也要十分清楚，只有这样才能在解决问题的过程中应付自如。

第四，我们既要有常规的解决问题的方法，又要养成勤于动脑和善于思考的好习惯。

妙趣横生——火柴盒妙用

在一次课堂教学活动中，老师拿出一支蜡烛、一枚图钉、一盒火柴，要求学生利用这三个条件，把蜡烛点燃，固定在教室直立的墙壁上。同学们先想想，要是你遇到了这样的问题要怎么解决？

这是一个趣味实验，解决这个问题的方法很简单，只需用火柴把蜡烛点燃，然后用图钉把空火柴盒固定在墙上，再用蜡油把蜡烛粘在火柴盒上，这个问题就这么轻易地解决了。

大家之所以没能想出这一解决问题的方法，就是因为他们在思考解决问题的过程中，只是把火柴盒看做是装火柴用的，而没想到它还可以用来固定蜡烛。

势不可挡的“穿越”

势不可挡的“穿越”

你可能已经意识到了，一股“穿越风”正以势不可挡的力量席卷而来。打开电视，很多频道都在播放“穿越剧”，要么是现代人通过时光隧道或者奇遇回到古代，带着今人的思维和古人演绎一段爱恨情仇；要么是现代人穿越到未来，见识了未来科技的高度发达；或者是走在街头，忽然窜出一个古装打扮的人索要盘缠，在你吃惊之余周围的人哄堂大笑，原来这是某个商家在做活动；“七喜”的穿越系列广告因为颇具创意而吸引了大家的眼球，增加了这个品牌的知名度。“穿越”的流行是想象力的结果，这些穿越给人们带来娱乐、思考，给人们的生活带来了更多的色彩。

深有感触

想象，它是一种特殊的思维形式，是人在头脑里对已储存的形象进行加工改造形成新形象的心理过程。我们在听音乐和看小说的时候，头脑中就会浮现相应的人物和场景，这就是想象的结果。借助想象，人们可以驰骋于无限的现实世界和神奇的幻想世界之中，可以追溯至几千年的过去，也可以展望几万年以后的未来。常言道，想象可以使人“思接千载，视通万里”，就是说想象可以打破时空的界限，使人的心理更为丰富充实。科幻小说《海底两万里》描述了水中有一只“怪兽”，有着坚硬的外壳，非常快的游泳速度。这个“怪物”就是后来的潜水艇，人们的想象预示了未知之事。

想象是以感知过的事物形象为基础的。例如，我们没有去过草原，但当我们读到《敕勒歌》中的诗句“天苍苍，野茫茫，风吹草低见牛羊”时，头脑中就会浮现出一幅草原牧区的美丽景象：蓝蓝的天空，一望无际的大草原，微风吹动着茂密的牧草，不时露出牧草深处的牛羊。这幅我们从未感知过的图景，就是我们所熟悉的蓝天、草地、微风、牛羊等记忆形象的组合。人的头脑不仅能够产生过去感知过的事物形象，而且能够产生过去从未感知过的事物形象。例如，吴承恩在写《西游记》时，他头脑中出现的孙悟空、猪八戒等形象并不是他所感知过的；读者在读《西游记》时头脑中出现的孙悟空、猪八戒等的形象也是读者未曾感知过的，这些他们没有感知过的但又出现在头脑中的新形象是想象的结果。

有时候，我们会不由自主地想象，没有固定的开始和结尾，思路天马行空。我们平时说的做白日梦就是这样的想象，时而想到即将来临的假期，时而想到课堂上老师讲过的笑话，时而幻想着自己中了500万大奖等等。有时候，我们是按照一定目的自觉进行想象的。例如，老师向我们描述桂林山水的绚丽风光，要求我们想象清澈的河流、绵延起伏的山峦，那些山峰有的像观音，有的像睡美人，这样，你的脑海里就出现了一幅桂林山水的图像。当然，我们也可以不需要任何人或者任何文字的提示进行独立的想象。作家的创作就是一种独立想象，虽然综合了他的很多见闻，但是经过他独创后，源于现实而高于现实，更能与读者共鸣，感染读者，给读者更多的想象空间。

背后玄机

想象是一种特殊的思维活动。想象让思维变得浪漫，变得更有创造性。之前我们认识过，思维是对事物间接的、概括性的认识，有很多形式：分析性思维、创造性思维、实用性思维等等，想象也是思维的一种形式，它的特殊性在于它是对头脑中事物有意或者无意的加工，加工方式多种多样，结果独特而丰富，对启发新思想起到重要作用。

我们为什么会有想象呢？首先因为我们有发达的大脑，脑神经自觉或者不自觉的神经放电带我们走进了想象的世界；其次，想象是适应自然、社会发展的需要，对我们生活工作有着重要作用。实际生活中，许多事物是人不可能直接感知的，如宇宙星空、原始人类的生活场景、古典小说中的人物形象。这些空间遥远、时间久远或者是人为创造的形象，人类无法亲眼证实，但是通过想象，我们就能弥补这种知识经验的不足。例如，《三国演义》中描述的关羽我们不可能直接去看，但文中描述他“丹凤眼”、“蚕卧眉”、“面如重枣”、“青龙偃月刀”，关羽的形象就慢慢浮现在脑海里。当我们有些需要得不到满足的时候，也可以利用想象得到虚幻的满足。例如，一个小孩子想当司机，但是由于他年龄限制不能实现，于是就把小板凳想象成汽车，手握方向盘开起了汽车。想象可以调节我们的身心，要求一个人想象正在被一只老虎追，就可以观察到他心跳加快；要求他想象自己安静地躺在床上，并且放着舒缓的音乐，就可以看到他心平气和，神色安然。当我们精神紧张时，可以通过想象得到放松。

为我所用

想象是智慧的翅膀，让思维变得浪漫。想象能丰富我们的内心世界，能促使我们创造性地进行各种实践活动，有助于调节我们的情感。爱因斯坦说过“想象力比知识更重要，因为知识是有限的，而想象力概括着世界的一切，推动着进步，并且是知识进化的源泉。”科学家的发明，工程师的设计，作家的人物刻画，艺术家的艺术造型，所有的活动都离不开想象。因此，我们需要培养积极的想象。

首先，我们应该乐于进行创造性想象。读到一篇课文的时候，头脑中应该跟随作者的描述刻画出一幅图像，体会作者的感情；物理实验课上，想象不同操作方法会不会得到相同的结果。其次，要学会观察和积累素材。所谓“巧妇难为无米之炊”，头脑里没有丰富的形象，想象出来的画面就会显得贫乏空洞。然后，需要有积极的思维准备。我们在写作文前应该考虑好文章的主题、人物、事件等要素，如果不假思索、信马由缰，就很难创造出令人信服的形象来。最后，我们应该能正确表达出我们想象中的东西，如果想象中的事物丰富多彩，描述出来却平淡无味，或者不能让人理解，这样的想象就达不到预定效果了。

妙不可言——想象带给我们的视听盛宴

在当代世界，科幻小说、科幻电影已经成为最受人欢迎的娱乐形式。19世纪法国著名的科幻小说和冒险小说作家凡尔纳，被誉为“现代科学幻想小说之父”，他著有《海底两万里》、《格兰特船长的儿女》、《地心游记》、《八十天环游地球》、《神秘岛》等经典科幻作品深受人们喜爱，直到现在还拥有大量书迷。由这些小说为蓝本翻拍的电视、电影作品给人带来了一场场视听盛宴。在电影《地心历险记2：神秘岛》中，主人公踏上了一个风光秀丽、有着各种珍禽异兽和黄金火山的小岛。在那里，大象变成了只有小狗般大小，可以捧在手里当宠物，而蜜蜂大得像个战斗机，人可以骑在上面自由飞翔，图为主人公骑蜜蜂大战老鹰的精彩瞬间。观看这样的影片极大地满足了人们的好奇心和想象力。这样的电影拓宽了我们的思维空间，展现了人类想象的魅力。

改变世界的"苹果"

改变世界的"苹果"

三百多年前，一颗苹果从树上掉下来，引起牛顿思考，发现了"万有引力定律"；41年前，乔布斯创建苹果公司，人类的数字生活就此改变。今天牛顿的那个苹果已无处可寻，乔布斯的"缺口"苹果已散落在世界的各个角落。苹果，这家全球市值最高的公司，每年都有革命性的创新产品推出，iMac、iTunes、iPod、iPhone，每一样产品问世都让人耳目一新、为之拍案叫绝。苹果的成功归功于它的创新，在高科技产品越做越复杂的时候，苹果却反其道而行之，通过功能简化做减法。基于这样的战略思维，它把偏好精美、简约风格的客户作为自己的目标客户，受到了年轻人的追捧。

深有感触

创新，本质上是创造性思维在实际生活中的应用，它能提供独特的、对社会有用的产物从而拓宽人类的认识范围、开创新成果。看看我们身边，反季节新鲜蔬菜、时尚流行的服饰、功能齐全的手机，哪一样不是人类思维创造性的结果？"杂交水稻之父"袁隆平跳出了传统的"水稻是自花传粉的植物"的怪圈，创造性地将野生水稻和一般的水稻杂交，培育出了高产量稻谷，解决了人民的吃饭问题。

创造性思维以感知、记忆、思考、想象、理解等为基础，是一种综合性、探索性和求新性的高级心理活动。它需要人们付出艰苦的脑力劳动，一项创造性思维成果的取得，往往要经过长期的探索、刻苦的钻研，甚至多次的挫折之后才能取得。自古以来，人类就梦想能像鸟儿一样在天空自由翱翔，从风筝、孔明灯，人们做了很多尝试。美国的莱特兄弟为了实现飞天的梦想，从 1900 年到 1903 年对他们的飞行装置进行了无数次改进，做了 1000 多次试飞，终于在 1903 年成功飞上蓝天。

创造性思维能力也要经过长期的知识积累、素质磨砺才能具备。一个日常勤于思考的人，就易于进入创造思维的状态，就易激活潜意识，从而产生灵感。要善于从小事做起，进行思维训练，不断提出新的构想，使思维具有连贯性，保持活跃的态势。

背后玄机

创造性思维在解决问题的活动中，需要一定的过程。心理学家对这个过程做了大量的研究。英国心理学家华莱士认为创造性思维包括四个阶段：

准备阶段是创造性思维活动过程的第一个阶段。由于对要解决的问题存在许多未知数，所以要搜集前人的知识经验，来对问题形成新的认识。这个阶段是搜集信息，整理资料，作前期准备的阶段。据说，爱迪生为了发明电灯，光收集资料整理成的笔记就有 200 多本，总计达四万多页。可见，任何发明创造都不是凭空杜撰，都是在日积月累，大量观察研究的基础上进行的。

第二个阶段是酝酿阶段，主要对前一阶段所搜集的信息、资料进行消化和吸收，但不是主动去思考问题结果，而是从问题中抽离出来，等待心中的结果自然酝酿成熟。欧阳修说，他的文章思路都是在外出旅游时、上厕所时、睡觉时产生的。许多创作者也有这样的经验，是因为这个阶段摆脱了精神紧张，头脑中的信息自动地进行加工，从而产生新的解决问题的思路。

第三个阶段为豁朗阶段。经过前两个阶段的准备和酝酿，思维已达到一个相当成熟的阶段，在解决问题的过程中，常常会进入一种豁然开朗的状态，这就是前面所讲的灵感。如：耐克公司的创始人比尔·鲍尔曼，一天正在吃妻子做的威化饼，感觉特别舒服。于是，他被触动了，如果把跑鞋制成威化饼的样式，会有怎样的效果呢？于是，他就拿着妻子做威化饼的特制铁锅到办公室研究起来，之后，制成了第一双鞋样。这就是有名的耐克鞋的发明。

最后一个阶段是验证阶段，也叫实施阶段。豁朗阶段产生的想法不一定都是正确的，这个阶段的作用就是检验新思想的合理性。通过逻辑推理把提出来的思想观点确定下来，加以完善，并通过实验或者调查加以验证。

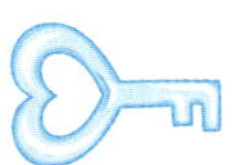

为我所用

创新对我们的生活非常重要，它是一个人成功的基础，是一个企业发展的源泉，是一个民族的灵魂。因此，培养创造性思维对我们来说非常重要。日常生活中，我们应该怎么培养自己的创造性思维呢？

第一，要培养强烈的求知欲。积极的创造性思维，往往是在人们感到“惊奇”时，在情感上燃烧起来对这个问题追根究底的强烈的探索兴趣时开始的。因此要激发自己创造性学习的欲望，首先就必须使自己具有强烈的求知欲。

第二，打破定势思维。定势是人们按照先前解决过问题的方法解决新问题的一种准备状态。解决同一类时，定势可以节省精力，但是解决不同问题时，就会限制我们的思维。举个简单的例子，抗美援朝时期，朱德亲自参与了某部队出征前的誓师大会，该部队的领导为鼓舞士气，特意走下台问道：“大家有决心没有？”官兵们激情昂扬，齐声高喊：“有！”他又问“有信心没有？”“有！”“有孬种没有？”台下官兵不假思索地喊道：“有。”话一出口，台上台下一片哄笑。这就是思维定势闹出了笑话。因此，我们在思考问题的时候要主动打破定势思维，不要轻易下结论，从不同角度进行思考。

第三，展开想象的翅膀。想象可以打破时间、空间的束缚，拓宽我们的思维空间。文学作品中，作者有意留下一些空白，让读者去想象补充空白，这种空白法正适合于培养我们的想象力。

第四，头脑风暴法。这是心理学家奥本司提出的培养创造性的方法，它的原意是运用暴风雨似的思潮来冲击问题，汇集大家的主意，找出最合适的解决方案。实际操作上，就是一组人围坐在一起，对特定的问题提出自己的想法，在相互讨论中解决问题。使用这个方法时，需要注意，必须遵守以下四个原则：不能批评他人的主意；自由发言主意越怪越好；收集尽量多的想法，得到好办法的可能性也就更大；综合大家的想法，产生新主意。

总而言之，创造性思维就是脱离窠臼、开辟新路的思维方式，这是要经过大量、反复、深入的思考之后，才能豁然开朗、获得顿悟的。要学会和掌握创造性思维方式，人们必须自觉地培养和训练，逐步具备良好的思维功底和思维品质；必须积累丰富的知识、经验和智慧，才能厚积薄发；必须敢为人先，勇于实践，不怕失败，善于从失败中学习、汲取营养，才能获得灵感，实现思维的飞跃，不断产生新观点、新办法，创造出新成果。

出奇制胜——进行创造的几个方法

粘合——把两种或以上本无关系的事物的属性和特征结合在一起，构成新形象。“瞎子背瘸子”就是粘合思维的形象事例。瞎子看不见，瘸子跑不动，房子着了火谁也跑不掉。但是瞎子背瘸子，两人都发挥了自己的优势，不仅可以跑还可以看，还比常人“站得高看得远”。

夸张——故意夸大或者缩小事物的正常特征，使他们变形。如图所示，左边的图像为正常的人物素描，右边的图像夸大了画中人物的头发、胡子，使整个人看上去异常消瘦，但是给人的印象更加深刻。

典型化——根据一类事物的共同特征来创造新形象。鲁迅先生书中的阿Q形象就是旧社会中卑怯、受尽欺压、麻木软弱、自欺欺人的一个典型形象。

联想——由一个事物想到另一个事物的过程，借助它可以创造新的形象。例如，一位诗人看到“修理钟表”几个字，便想到了修理时间，进而想出这样的句子：“请替我修理一下年代吧，它已不能按时间度过。”这样异乎寻常的句子给我们带来了不一样的感受。

第六章　智者千虑必有一失　愚者千虑必有一得

灰太狼为什么吃不到喜羊羊？

智商高＝学习好？

一个都不能少

少年成才和大器晚成

姜是不是老的辣？

我的未来不是梦

灰太狼为什么吃不到喜羊羊

灰太狼为什么吃不到喜羊羊

相信大家都很熟悉《喜羊羊与灰太狼》的故事，灰太狼处心积虑想要抓到羊给红太狼尝鲜，起初他认为只要破坏了保护羊群的铁栅栏就可以抓住肥羊，然而看守的喜羊羊每次都在栅栏上做手脚，让他受了不少皮肉之苦，从此灰太狼下定决心，想尽一切办法想要抓住喜羊羊，以泄心头之恨。为了对付喜羊羊，他发明了山寨飞机、坦克、缩小放大丸等各种新奇的武器。可他绞尽脑汁也抓不到羊，并且每次都被收拾得头破血流。灰太狼没想到，喜羊羊是羊族中最聪明的羊！他机智勇敢、坚强，而且很有主见，想要抓住他没那么容易。

深有感触

看过了灰太狼那些设计巧妙、攻击力极强的发明设计，我们不得不承认他其实很聪明，可喜羊羊和其他小羊们并肩作战，兵来将挡，水来土掩，把灰太狼制造的麻烦一一化解了。灰太狼吃不到喜羊羊的原因很简单，那就是“人外有人，天外有天”，喜羊羊的聪明更胜一筹。

聪明，是大众对高智力者的赞誉，与之相对的，是傻、蠢、笨等词语。

智力是什么呢？心理学家做过一个形象的比喻：观察力好像智力的眼睛，记忆力好像智力的“存储器”，思维像是控制中心，想象力如同翅膀，创造力是把智力转换成能量的“转换器”。从这个比喻中，我们可以看出，智力不是一个单一的部分，是由多种要素构成的。所以，要给智力下个定义比较困难。简单地说，智力是指人们通过合理的思考和有目的的行动有效解决问题的一种综合能力，它对我们的生活起到非常重要的作用。政治家需要用智力来权衡国家与国家之间的利益，数学家需要用智力在杂乱无章的数字中寻找规律，棋手需要用智力算出接下来几步棋的走法，农民需要用智力来种植农作物，老师需要用智力完成授课任务，学生需要用智力来应对各种考试，小孩子也需要用智力来和同伴们完成游戏……可见，社会的各行各业和我们生活的方方面面，都离不开智力。

俗话说“龙生龙，凤生凤，老鼠生儿会打洞”，这暗示着遗传对智力的影响不容忽视。最早进行遗传与智力关系研究的人是高尔顿，他研究了1768～1868 年 100 年间英国的 977 个将军、首相、文学家和科学家的家谱，发现大多数名人出生于望族，并且，他发现一个伟大的科学家往往出生于一个在科学上有杰出成就的家庭中，而一名杰出的律师则可能出生于一个律师世家。更加巧合的是，高尔顿的表哥在遗传和进化方面也作出了卓越的贡献，他就是提出了生物进化论学说的达尔文。两个血缘关系如此亲近的人，都在与遗传有关的研究领域内取得了杰出的成绩，这无疑也印证了遗传与智力的密切关系。生活中，我们也会发现一些相关的例证，如聪明的父母生下的孩子智力水平一般都不会很低，双胞胎的聪明程度大体相当等。可见，遗传素质是智力发展的生物前提，良好的遗传素质，是智力发展的基础和自然条件。

遗传只为智力发展提供了可能性，要使智力发展的可能性变成现实性，还需要家庭、学校与社会教育等许多方面的共同作用。教育和教学不但使学生获得前人的知识经验，而且促进他们心理能力的发展。例如教师在运用分析和概括的方法讲授课程内容时，不仅使学生获得了相关的知识，而且当学生把这种外部的教学方法和学习方法逐渐转化为内部概括的思维操作时，这方面的心理能力便形成了。环境和教育的决定作用，只能机械、被动地影响能力的发展。如果没有个人的主观努力，要想获得能力的提升和事业的成功是根本不可能的。世界上许多杰出的思想家、科学家、艺术家，无论他们所从事的事业多么不同，但他们都具有一个共同点，即醉心于自己的事业，长期坚持不懈，刻苦努力，顽强地与困难作斗争，最后终获成功。

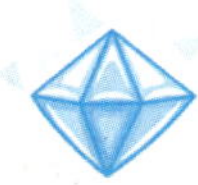

背后玄机

人们并不否认智力与大脑有关，但似乎一直以来都存在着误解。刚开始的时候，人们认为，脑袋越大的人越聪明。显然，这是经不起事实检验的，小脑袋的人也可以很聪明，而大脑袋的人则有可能很笨。美国总统林肯的脑袋就很小，可他智商很高，而因服用劣质奶粉中毒的大头娃娃智商则可能变低。脑科学专家们认为，一个人的大脑皮层上褶皱越多，就显示他比别人更聪明。然而，最近有科学家提出质疑，一改上述说法，因为他们发现智商高达130分的天才科学家爱因斯坦的脑部褶皱和智商100分的普通人的并没有两样，前者的脑部并没有出现更多或者更深的皱褶。

医学人员研究发现，智力与大脑的组织结构、脑体积以及神经传导速度有关。智商高的人，大脑的神经元之间联系更精确，信息传递更快，因而信息在神经元之间的传导不易被衰减和改变。智商的高低其实取决于脑细胞与脑细胞之间衔接桥梁的多寡。当一个人的脑细胞出现大量交流活动时，这个人的智商就会比脑细胞之间缺乏沟通的人高得多。

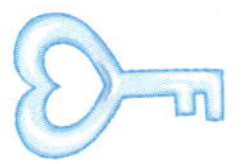

为我所用

传统的看法认为，人类不可能通过后天的努力提高智力，因为智力只是由基因决定的，在我们出生时就已经定型了。古往今来，一直有很多研究致力于通过训练提高人的智力，成果也得到了社会的认可。然而，专业的智力训练系统庞大复杂，需要大量的时间，并不是每个人都有机会参与。但是，大家也不要气馁，我们可以在日常生活中通过一些小事累积经验，提高智力。

第一，我们要积极体验新鲜事物。新鲜事物能刺激新的神经细胞形成，从而使大脑中产生更多神经突触连接。神经变得更加活跃，神经细胞之间的信息传递增加，这都说明大脑正在进行“学习”活动。同时，新鲜事物能刺激大脑产生一种激素，让我们的学习热情高涨。

第二，我们要挑战自己。玩智力游戏是挑战大脑的不错方法。但不是什么游戏都有促进智力的功能，我们讲的是真正靠谱的益智游戏，这些游戏能提高我们的记忆、分析、计算、反应能力，比如，像“蜡笔游戏”那样既可以在无聊时打发时间，又有不小难度，需要大量推理和计算的游戏就不错。但是光玩一个益智游戏并不能使你变得更聪明，它只是让你能够更加熟练地完成这些游戏罢了。绞尽脑汁解出一道数独题不值得高兴，因为这还不足以提高你的智力，你需要继续投入到其他的挑战中。因此，不断地玩新的益智游戏，时刻给自己挑战，让大脑长期保持在活跃状态，这是提高智力不错的尝试。

第三，多和周围的人交流。经常有机会接触到新的环境、新的人和事，多和人打交道，不仅有利于事业上的发展，而且更重要的是，接触不同的人和事可以让你学会从一个全新的角度来看待问题，扩大自己的视野。学习最重要的目的就是了解有意义的、独特的信息，因此和他人交流是一个很好的提高智力的手段。

妙趣横生——"瑞文推理测验"是如何测智力的？

瑞文推理测验，是由英国心理学家瑞文于1938年设计的一种非文字智力测验。这个测验主要测量一般因素中的推理能力，即个体作出理性判断的能力。它可排除或尽量克服知识的影响，努力做到公平。下面是瑞文推理测验中的几个题目，大家可以试试哦！

每张大图里的图形都呈现出一定的规律性，但是有一个地方缺失了，你需要在下面给出的备选图形中选出一个最合理的选项，将大图填补完整。

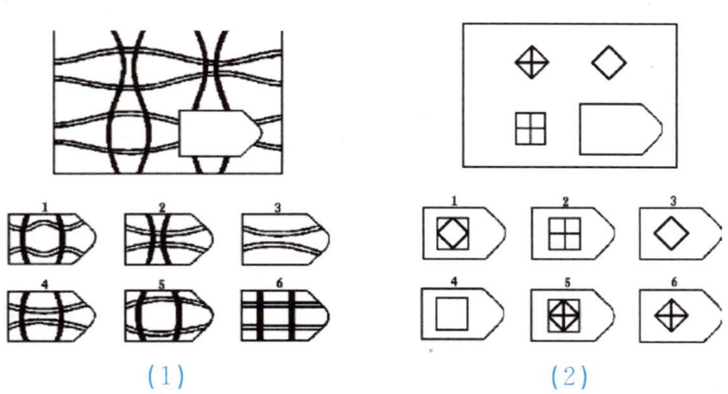

(1)　　　(2)

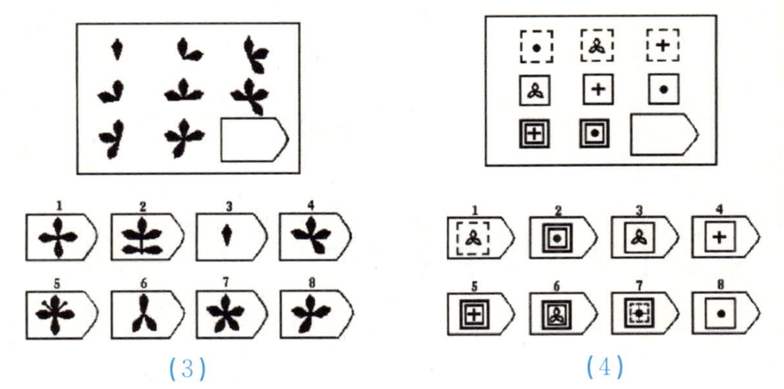

参考答案:(1)第 4 张　(2)第 4 张　(3)第 7 张　(4)第 6 张

高智商=学习好？

高考状元就是普通孩子

很多人认为学生的智力因素是高考成功的关键，为此，中国科学院心理研究所研究员、博士生导师王极盛对学生智力和考试成绩进行了调查。王极盛于1999年中国高考改革后，开始研究高考状元，连续5年对全国300多名高考状元进行面对面的访谈及研究，被称为“中国高考状元研究第一人”。

在大多数人看来，高考状元的智商无疑是最高的，但实际情况并非如此。王极盛告诉记者，连续5年，他都对入学的高考状元进行心理测试和智力测试。研究结果显示，并不是高智商的学生成绩就好，高考状元并非智力超常的“神童”，大多数状元智力水平一般，少数人智力中等偏上。

深有感触

王极盛的研究说明高智商的人不一定能在学习中取得好成绩，但是，智力无疑是影响学习的重要因素。试想，一个天资愚笨，连读书识字都非常困难的人，就算给他配备最优秀的教师，也难将他培养成为一个合格的大学生，更不要说以优异成绩考取清华、北大等名校了。对一个智力平常的人来说，完成正常的生活学习是没有问题的，所谓“勤能补拙是良训，一分辛苦一分才”，能否取得好成绩的关键是要看其是否努力。一个智力超常的人，他理解能力强，思维敏捷，能够过目不忘，如果能够在老师的引导下广泛涉猎、刻苦钻研，他十之八九会是班上的佼佼者。相反，如果他上课不听讲，考试不复习，就算他再聪明也没有办法弥补他浪费的时间，正如“巧妇难为无米之炊”，头脑里面没有知识的积累，再聪明也考不出好成绩。

教育家格伦·多曼说：“每个正常出生的婴儿，都有可能成为莎士比亚、莫扎特、爱迪生、爱因斯坦那样的人才。”幼儿在成长过程中具有很强的可塑性，这个时候要是能够得到合适的教育，潜能就会得到挖掘。狼孩之所以不能与人正常交流，就是因为他们在幼年敏感时期没有与人类一起学习的机会，造成他们智力低下。虽然人的智力很大程度上是由基因决定的，但是后天的学习起到开发智力的作用。谈到学习，很多人就想到在教室里坐着听课，以及那些繁琐的定理和公式。这种理解未免过于狭隘和刻板了。当一个婴儿开始用懵懂的眼神辨认自己的母亲，当一个人对照着说明书研究新买的电器，当一个旅客站在远方的城市打量陌生的街头……这些都是在学习，而且是更重要的学习。通过学校的系统教育、父母长辈的经验传递、日常生活中的观察模仿，人们的智力也在随之提高。

总体而言，智力是学习成绩的基础，智力高的人取得好成绩的可能性较大，但智力并不能起到决定性作用，智商相对较低的人通过努力同样能取得好成绩。同时，学习又是促进智力开发的一种重要手段。因此，通过学习提高智力，而良好的智力又能使学习变得有效和有趣。

背后玄机

既然学习对我们这么重要，到底对学习起到决定性作用的因素是什么呢？心理学家的研究表明，学生的学习活动是智力因素和非智力因素协同作用的结果。智力因素就是我们熟悉的观察力、记忆力、思维能力、想象力等；非智力因素就是指除智力因素之外，影响学习活动和智力发展的那些具有动力作用的因素，比如说好奇心、愿意学习的劲头、对知识的兴趣、学习过程中体验到的心情、能够持之以恒的付出努力等，这些非智力因素组成了彼此联系、相互制约与相互作用的动力系统，是学习活动中最活跃、最积极的因素，它决定着人进行学习的积极程度。

智力因素直接影响着学习活动，比如良好的记忆能力能够让学生在短时间内记住更多的知识点，敏捷的思维能力使学生更容易理解知识点间的关系，而非智力因素虽然不直接参与认识过程，却是学习活动赖以高效进行的动力因素。比如，一个学生对数学感兴趣，他在数学课上就会聚精会神地听讲，课后会主动搜集有关的读物扩充知识；相反，如果一个学生不喜欢数学，上课就较容易走神，需要时刻提醒自己注意听讲才能勉强做到注意力集中。对比两位同学的情况，前者出于兴趣主动学习，对知识的接受能力更强，后者由于兴趣缺乏，必须依靠努力才能完成上课内容，学习效果就不如前者好。可见，非智力因素对学生成才起决定作用。

在学习活动中，智力因素和非智力因素是相互制约、彼此促进的，智力的发展会促进非智力因素积极特征的发展，非智力因素的积极特征对学习具有调节和补偿的功能，是提高学习质量和促进智力发展的强大动力。但是，这不是绝对的、自发的。因此，无论我们的智力较好或较差，都必须同时注重智力因素和非智力因素的发展，并有意识地让智力因素促进非智力因素的发展，让非智力因素促进智力水平的提高。

为我所用

高智商并不意味着好成绩，关键要看“非智力因素”。如今大家的智力水平相差不大，想要提高学习成绩，就要注重培养和发展自己的“非智力因素”。在日常学习中，我们要注意以下几个方面：

第一，要培养对学习的兴趣。“兴趣是最好的老师”，当我们对学习产生兴趣时就不会认为学习是一件痛苦的事情，就能变被动为主动，乐于学习。兴趣来源于新奇，每天面对相同的课本和作息时间难免会产生厌烦的情绪，这个时候就需要变换一下学习方式，例如适当补充课外读物，动手做做实验，检验课本上提出的定理。这样一直对学习保持好奇心，就能够保持对学习的热情。

第二，给自己制订适当的学习目标，达到目标后给自己一定的奖励。相信很多家长都对孩子说过类似的话：“只要你能考到班上前三名，就给你买一辆自行车(或是你期望已久的其他东西)……”这是父母激发孩子学习动力常用的方法，并且被证明很有效果。父母给我们的奖励是外在的，如果我们能自己给自己奖励就能激发更大的学习潜能。在日常的学习中，每天、每个星期都可以给自己制订小目标，一旦达到了就给自己一点奖励。比如说，放学后在一个小时内完成作业，就奖励自己打篮球半个钟头；一个星期内按质按量完成作业，得到老师夸奖，周末就去看场电影等。

第三，保持乐观积极的情绪。我们都有过这样的体会：心情愉快的时候学习效率很高，一个早上就能记住 30 个单词，要是心情烦闷时，别说 30 个了，记 3 个单词都觉得头疼。许多心理学家的实验都证明，愉快的事情令人记忆得最清楚，回忆的细节也更多，不愉快的事情比较容易忘记，细节也不容易回忆。因此，我们要学会调节自己的情绪，不让烦恼和忧郁影响我们学习。

第四，要能够付出持之以恒的努力。“勤能补拙，一分辛苦一分才”，努力学习是取得好成绩最关键的因素。就算是我们天资不够聪慧，只要后天努力，笨鸟先飞，还是有可能取得成功的。

妙笔生花——林书豪的梦想可以复制

林书豪是谁？2012年以前恐怕鲜有人知。而如今，这个刚刚加入NBA两年、拿着最低工资的“临时工”，却带领状态低迷的纽约尼克斯队连创佳绩，他自己也荣登《时代》杂志封面。林书豪一直怀有对篮球的梦想，并且坚持不懈地努力着。娴熟的运球，精准的投篮，都来自极端刻苦的训练。即便是在联赛停摆、饭碗无着之时，他的训练也没有中断。人前的风光，源自背后的汗水。天分固然重要，但是如果没有后天的勤奋，一切自然无从谈起。也许我们不能复制林书豪的成功，但是他的努力、他的梦想却是每个人都可以复制的。

一个都不能少

偏科，与梦想失之交臂

肖同学是高三理科生，活泼幽默，总是乐观地看待事物，但学习成绩忽高忽低，很不稳定。究其原因，是他英语偏科造成的。他的英语成绩最高只能达到90分，平时也就是60～70分(满分150分)。但他对这种成绩偏科很不在乎，自认为只要其他科目学得好，一科薄弱没有什么关系。他索性将英语弃之一旁，专攻其他学科。高考成绩出来后，结果可想而知，英语严重拉分，拖了总成绩的后腿。肖同学也与他一直向往的重点院校失之交臂，当时他的心情怎是一个“悔”字了得。

深有感触

在学校教育中，偏科已经成为一种常见的现象，让老师和家长都倍感头疼。通常情况下，学生可能因为不喜欢某个老师进而不喜欢他教的学科。实际上，偏科还反映出智力发展的不平衡问题。大家普遍认为，男生逻辑思维能力比女生强，女生言语能力比男生强，因此男生在数学、物理等理科上成绩普遍较好，女生更加擅长语文和英语等文科。

我们知道智力并不是单一的部分，而是一个由多种心理能力组成的复合体。心理学家在智力结构方面做了很多研究。早期研究认为，智力包括观察力、注意力、记忆力、思维力和想象力等多种能力。新近的研究拓展了智力的研究范围，挖掘出更多的智力因素。美国科学家加德纳认为，人的智力包括言语智力、数理智力、音乐智力、空间智力、动觉智力、交流智力、自知智力等方面。日常生活中，听说读写少不了言语智力，买卖算账离不开数理智力，唱歌、欣赏音乐离不开音乐智力，看地图离不开空间智力，在运动场上锻炼身体离不开动觉智力，走亲访友离不开交流智力，俗话说“人贵有自知之明”，这就是自知智力。我们想要与人交流顺畅无阻，学习上有所建树，工作上获得成功，这些智力因素就一个都不能少。对于学生而言同样如此，像案例中的肖同学，他言语智力相对不足，就容易重理轻文，由于英语成绩较差而与理想中的学校失之交臂。想要做到真正的“德智体美劳”全面发展，我们就要注重培养各种智力，一个都不落下。

背后玄机

人的各种智力发育为什么会有不同呢？这归结于大脑功能上的差别。大脑分为左右两个半球，左右脑平分了脑部的所有构造。右脑支配左手、左脚、左耳等人体的左半身神经和感觉，而左脑支配右半身的神经和感觉，人的右视野联通左脑，左视野与右脑相连。左脑与右脑形状相同，功能却大不一样。左脑负责语言，也就是用语言来处理信息，把进入脑内看到、听到、触到、嗅到及品尝到（五感）的信息转换成语言来传达，这是相当费时的。左脑主要控制着知识、判断、思考等，和意识有密切的关系。

如图所示，大脑左右半球对应各自的功能，左脑主要完成语言的、逻辑的、分析的、代数的思考认识和行为，而右脑则主要负责直观的、音乐的、情感的、创造的思考认识和行为。因此，左脑发达的人，语言能力、逻辑分析能力要强一些，右脑发达的人拥有艺术细胞，通常具有丰富的想象力，把思想图像化。我们大多数人惯用右手，左脑较为发达，右脑相对欠缺，因此开发右脑，使我们的智力全面发展是非常必要的。

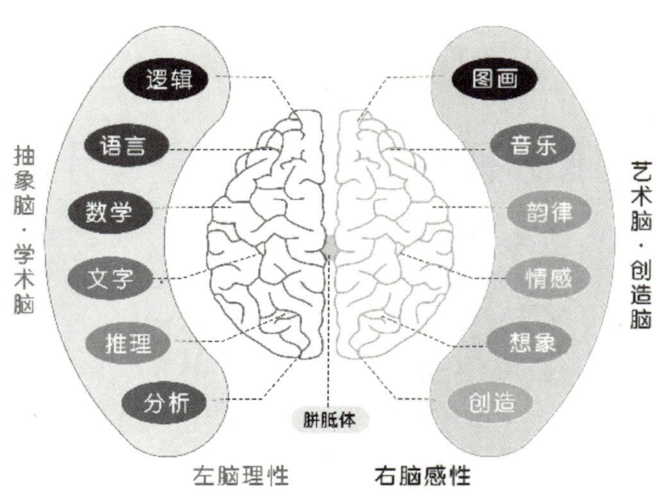

为我所用

我们会认为左撇子比较聪明，这是因为他们右脑天生比较发达，同时日常生活习惯锻炼了左脑的思维能力，总体智力水平就比较高。为了使我们言语的、逻辑的、分析的、音乐的、创造的智力都全面发展，我们应该注意全脑开发，不光是左脑或者是右脑，而是同时开发整个大脑，激发我们的潜能。开发大脑，全面发展智力应该注意以下几点：

第一，要给大脑提供高质量的营养。日常饮食中要注意多摄入坚果类食物、鱼蛋白、卵磷脂等，这些都是补充大脑很好的营养品，有助于提高大脑活力。

第二，要有足够的知识储备。广学博览才能集思广益，这是提高大脑思维质量和速度的知识基础。因而，我们需要注重每一个学科的发展，积累全面的知识，不能偏科。偏科不仅会影响总体成绩，可能导致我们像肖同学一样与自己理想的大学失之交臂，还会导致对应知识的匮乏，相应的智能得不到开发。若是在某个学科上感觉困难，可以从简单的题做起、同时多阅读与之相关的课外书籍，获得成就感、激发兴趣，慢慢扭转偏科的现象。

第三，经常锻炼大脑。多运动、勤思考，这是提高自己智慧的最好方法。如每天坐半个钟头的体操运动全身，跑跑步，打打乒乓球、羽毛球等；在打球、做操时有意识地让左手多重复几个动作，以刺激右脑活动。音乐可以开发右脑，因此，我们在从事简单活动的时候，可以创造一个音乐背景。

奇思妙想——“全才”还是“专才”

如今的社会是“全才”更适应社会的发展，还是“专才”在职业道路上走得更远？有人认为“博古通今”、“上知天文，下知地理”的人是社会发展的所需之才，全才是多技能、多层次、多能力的人，他们具有更强的知识整合能力、创新能力，更适应社会的变动。也有人认为每个人都有自己的天赋、爱好、特长，“专才”就是发扬了自己最强能力的人，有自己的一技之长，能够把工作做得更加细致完美。你的观点是什么？同学们不妨组织一场辩论赛，各抒己见吧！

少年成才和大器晚成

方仲永少年成才，丘吉尔大器晚成

方仲永是北宋时江西金溪人，家里世代耕田为生，父母都目不识丁。4岁那年，方仲永就吵着要笔墨纸，父亲借好了工具给他，他立马写下了四句诗，并且题上自己的名字。乡亲们传阅之后都对小仲永赞不绝口，夸他是神童。不幸的是仲永父亲没对年幼的他加以教育，他的天赋没有得到发展，仲永最终成了一个普通人。

与之不同的是丘吉尔，他中年时期才崭露头角，成为二战时的英国首相，他是大器晚成的典型代表。年幼的丘吉尔很淘气，贪吃，学习成绩差，因此放弃了考大学，转考陆军士官学校又两次落榜，第三次才好不容易考取。之后他做过记者、写过书，直到36岁踏入政坛，才发挥了他的才能，成为了一名出色的政治家。

深有感触

人的智力就像外貌一样各不相同。有的人从出生就禀赋过人，像仲永一样少年成才，有的人生性顽劣或者发育迟缓，到中年才崭露头角，像丘吉尔一样大器晚成，更有直到六七十岁才获得成功的人。

总体而言，人们智力的差异表现在三个方面：

首先，在智力发展水平上，不同的人所达到的最高水平极其不同。有的人聪明绝顶，在智力比赛中频频胜出，在科学研究中成绩卓著，在商场政坛叱咤风云。像我国教育家孔子，意大利著名画家、雕塑家达·芬奇，天才物理学家霍金，智商高达150～200分。有的人却天生愚笨，智商不到 80 分，学习东西慢，学不会数数写字，甚至出生就是痴呆，连生活都不能自理，完全不能融入到这个世界。然而，大多数人都属于智商一般的人，有接近一半的人智商在 90 到 110 分之间，智力发展水平非常优秀者和智力落后者在人口中只占很少的部分。智力的分类及不同类型所占的比例如下图所示：

智商分类		
智商	占人口的百分数	类别
130 以上	2.2	非常优秀
120～129	6.7	优秀
110～119	16.1	中上(聪明)
90～109	50	中等
80～89	16.1	中下(迟钝)
70～79	6.7	临界迟钝
70 以下	2.2	智力缺陷(低能)

其次，每个人智力的结构，即组成方式也有所不同。我们了解到，智力不是一个单一的心理品质，它可以分解成许多基本因素，如记忆力、观察力、逻辑思维能力、想象力、音乐能力等，用单一的智商分数，是不足以概括其特点的。例如，有的人记忆力好，有的人观察能力强；有的人擅长逻辑推理，但缺乏音乐才能；也有人很擅长音乐，却在数字计算方面表现得不足。

最后，人们智力发展过程具有不同形态：一是稳定发展，智力一直保持或高、或低、或正常的水平，这是大多数人的发展模式；但也有一部分不是稳定发展的，有一些人表现出早熟，在很小的时候就锋芒毕露，但在成年以后却智力平平，仲永就是这样的例子。也有些人前期发展很慢，但大器晚成，后来居上，得到了高水平的发展。著名画家齐白石 40 岁以后才表现出他杰出的绘画才能，生物学家达尔文 50 多岁才开始出研究成果，摩尔根发表遗传理论时已经 60 多岁了。

背后玄机

有的人愚笨是天生的，他们的基因存在病变，一生下来智力就存在缺陷，无论后天如何培养都无法达到正常水平。有一种遗传病叫做唐氏综合症，患儿有特殊面容：短小头型，眼球较突出，两眼外侧高而内侧低，两眼距离较远，鼻根低平，口半开，舌常伸出口外，流涎多，给人总的印象很愚钝，智力低下。同样的，遗传基因决定了后代脑神经的敏捷性、平衡性，决定了智力发展可能达到的最高水平。然而，最终智力水平能发展到哪个程度则由后天因素决定，如社会、环境、家庭、学校、所从事的实践活动以及主观努力程度。正是这些后天因素导致青少年的智力出现了差异。据记载，埃及古代有个皇帝，他为了弄清人类说话的能力是由什么决定的这一问题，竟野蛮地把两个新生的婴儿藏于地下室内，指定专人给他们送食品，此外什么也不让他们接触，使其与外界隔绝。当他们长到十二三岁时，什么话也不会说，只会发出单调的怪叫，连鸟兽都不如。这些事实说明，人的智力差异来源于先天的遗传和后天的环境。

为我所用

我们必须承认，人与人之间的智力是存在差别的，有的人天生聪明，而有的人反应慢一些。然而，智商特别高的人始终占少数，大部分人都是处于中间水平。中间水平的智商足够保证我们在各个领域取得成功。美国宾州罗文斯坦学院的一项研究表明，美国前总统小布什的智商是 91 分，老布什只比他略高，为 98 分。小布什两次当选总统；老布什两次当选副总统，一次当选总统，他们智商都不高，经常被嘲笑智商低，但却依旧拥有很高的支持率，掌控美国政府 10 余年。因此，我们对智商不应该迷信，智者千虑必有一失，愚者千虑必有一得。高智商并不意味着学习成绩好，事业成功，生活幸福。我们知道，决定一个人能否成功的关键因素是非智力因素，即你的兴趣、你的选择、你的努力。

在承认人与人的智商存在差距的基础上，我们应该对自我有足够的认识，弄清自己的智力特点，找出自己擅长的方面加以发扬，同时对不足的方面加强训练。认为自己有体育特长的可以选择体育为终生事业，发觉自己在美术上有天赋的就应该创造机会发挥特长。人的一生中，智力

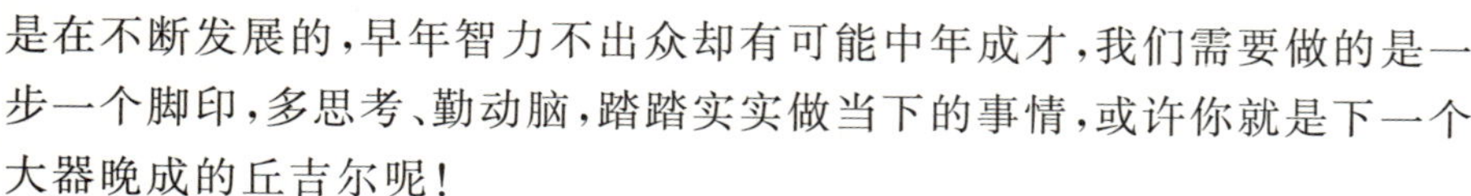

是在不断发展的，早年智力不出众却有可能中年成才，我们需要做的是一步一个脚印，多思考、勤动脑，踏踏实实做当下的事情，或许你就是下一个大器晚成的丘吉尔呢！

匪夷所思——世界上智商最高的人

神童瑟迪斯19世纪末在纽约出生。瑟迪斯才6个月大时，就学会了26个字母，一岁半开始看纽约时报。3岁时他开始对高等数学感兴趣，4岁时已精通法文。8岁时他从高中毕业，已能流利地使用希腊语、拉丁语、德语、俄语、土耳其语和亚美尼亚语。传说他后来一共学会200种语言而且能互相翻译，一天能学会一门外语。9岁时瑟迪斯进入哈佛大学，给哈佛数学协会作关于四维空间的讲座。瑟迪斯很可能是人类有记录以来的智力巅峰，他的智商高达300。但他与社会格格不入，一生潦倒没落，成年之后，瑟迪斯毅然放弃学术生涯，选择了体力劳动，做了一名印刷厂工人，以收集车票为嗜好，并于46岁时死于波士顿附近一间租来的房间里。

姜是不是老的辣？

奥巴马选择"老将"拜登为副总统

2008 年 8 月 23 日，美国民主党总统竞选人奥巴马通过竞选网站宣布，他选择了来自特拉华州的联邦参议员、参议院对外关系委员会主席约瑟夫·拜登为其搭档竞选总统。现年 65 岁的拜登在国会的资历超过 30 年，在国防和外交事务上经验丰富。他是美国政坛的一位老资格政治家，在美国有相当的知名度。舆论认为，奥巴马选择拜登作为竞选伙伴，可以补足他在政治和外交事务方面缺乏经验的弱点。选择拜登作竞选搭档似乎暴露了奥巴马的不自信——他选择去弥补自己在政务和外交领域的稚嫩，因为他担心自己没有经验老道的议员辅佐就无法战胜麦凯恩。

深有感触

让一位担任参议员 30 多年的政治人物成为自己的副手，奥巴马可谓斟酌再三，他这一抉择正应验了中国的一句俗语"姜还是老的辣"。尽管青年人年轻气盛，认为自古英雄出少年，但大家都承认一个事实：尽管老年人耳朵背了，视力下降，记忆力大不如从前，反应能力也变慢了，但他们

“走过的桥比年轻人过的路还多”,见得多了,阅历丰富,他们身上拥有岁月沉淀下来的智慧。

从青年人和老年人的身上,我们可以看见两种不同的智能,一种如匕首般锋利,刀下血溅;一种如绵掌般内蓄刚劲,杀人于无形。对,这正是心理学中根据智力的功能不同,划分的两种智力:流体智力和晶体智力。流体智力是指人不依赖于文化和知识背景而对新事物学习的能力,如注意力、知识整合力、思维的敏捷性等。这些能力在25岁左右达到顶峰,此时的年轻人刚从校园走出,在各个行业初露锋芒,仿佛一晃脑袋就有一个想法。晶体智力则是指人后天习得的能力,与文化知识、经验的积累有关,如知识的广度、判断力等。一个老年人积累的知识经验会更多地补偿智力作用速度和效率的下降。事实上,老年人在某些情境中可能比缺乏经验的更聪明的年轻人具有更好的能力。巴金和冰心老人在八九十岁高龄仍能为世界奉献他们深刻的思想和优美的文字,皓首穷经的老教授、老学者仍能面对摄像机的镜头,以他们博学的知识,敏锐的头脑令年轻学子赞叹不已。

总体而言,流体智力和晶体智力同时存在于人身上,年轻的时候流体智力发展到高峰,然后下降,晶体智力随着岁月的累积越来越丰富,在老年人身上体现明显。著名学者培根说,求知可以改进人性,而经验又可以改进知识本身。学问虽然指引方向,但往往流于浅泛,必须依靠经验才能扎下根基。可见,在生活学习中积累经验和丰富阅历对我们多么重要啊。

背后玄机

流体智力和晶体智力的划分是由美国心理学家卡特尔等人于20世纪六七十年代提出来的。流体智力,属于人类的基本能力,它以神经生理为基础,随神经系统的成熟而成熟,相对不受教育文化的影响而决定于个人的禀赋。流体智力的发展与年龄有着密切的关系:一般人在20岁以后,流体智力的发展达到顶峰,30岁以后随着年龄的增长而降低。流体智力的特征是:对不熟悉的事物,能以迅速准确的反应来判断其彼此间的关系。晶体智力被认为是获得知识和发达的智力、技能二者的结合,是由一定的社会文化决定的,是长期学习的结果。如下图所示,从时间上看,流体智力在人的成年期达到高峰后,就随着年龄的增大而逐步衰退,而晶体智力自成年后不但不减退,反而会上升。

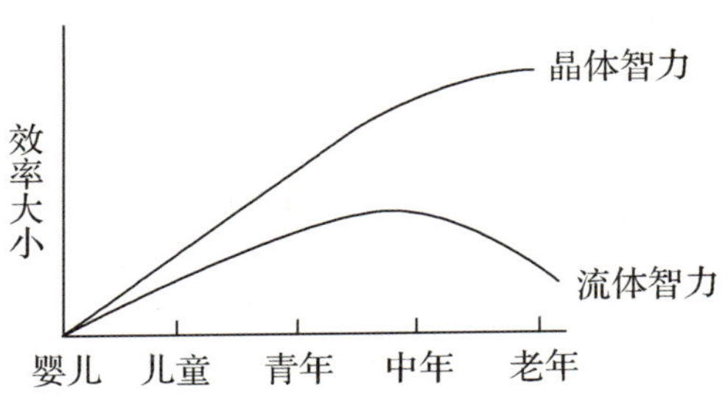

流体智力和晶体智力的发展

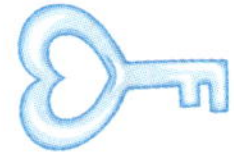

为我所用

在认识到智力包括流体智力和晶体智力之后，我们就应该有针对性地培养自己这两方面的智力了。虽然流体智力大多受到遗传的影响，但是，我们还是可以通过有针对性地培养观察力、注意力、记忆力来达到提高流体智力的效果。晶体智力是人们后天知识经验的累积、是技能的综合，这是我们通过努力可以大大提高的。作为学生，除了在学校进行正常的学习之外，应该注重课外知识经验的累积。利用课余时间参加社会实践，利用寒暑假外出观光，多和老师、父母等长辈交流，从他们身上学习人生经验。

出奇制胜——活到老学到老

曹操在名篇《龟虽寿》中写道："老骥伏枥，志在千里。烈士暮年，壮心不已。"范晔《后汉书·马援传》："丈夫为志，穷当益坚，老当益壮。"这些古训都告诉我们，那些有名的人虽年老但志不老，他们浑身都是完成大志的本领和胆魄。许多生动的事例都向我们不断地证明，只要毕生不间断地进行学习，就能提高自身的晶体智力，人就能保持高度的智慧和旺盛的创造力，到老年也能有一番作为。学习不光是学生在学校里进行的活动，走入社会是进入另外一个大学堂，在这个学堂里，我们能学到丰富的经验，能学会更多处理问题的技巧、为人处世的道理，真正做到活到老，学到老。

我的未来不是梦

问题少年摇身变成《福布斯》名人榜新秀

2010 年 4 月 28 日，《福布斯》中文版第七次推出中国名人榜，韩寒在其中占有一席之地。韩寒读中学时成绩很差，绝大多数功课都"大红灯笼高高挂"。就是这个成绩不合格的学生把自己的作品变成了含中文在内的多国语言版本，在国际上露了一把脸。高一时候，他因连续几次考试成绩不及格而退学，但他擅长写作，思维活跃，才华横溢，在全国新概念作文大赛中获一等奖。他的长篇小说《三重门》至今销量达 500 万册，成为中国近 20 年来销量最大的文学类作品。

现在的韩寒是中国职业拉力赛及场地赛车手、作家、《独唱团》杂志主编，并涉足音乐创作。虽然现在说韩寒成功还早，但是他的成名无疑给我们一个信号：如今成才之路并非只有一条，找准自己的特长，走自己的路便是自己最大的成功。

深有感触

所谓三百六十行，行行出状元。如今社会分工细化，又何止三百六十行呢。我国 2011 年颁布的《中华人民共和国职业分类大典》将我国职业分为 8 大类，共 1838 个职业。每一个职业都需要特定的能力，每一个职业领域内都有佼佼者。只要找准了自己的特长，找到适合自己的职业，拥有一个展示自我的平台，就能在这个岗位上发光发热。

著名的小说家沈从文 14 岁小学毕业后入伍，15 岁随军外出，曾做过上士，后来以书记名义随大军在边境剿匪，又当过城区屠宰税务员。由于在工作中找不到成就感，他过着郁郁寡欢的日子。直到1922年，在五四思潮的吸引下来到北京，发现自己被文学深深地吸引了，于是决定报考燕京大学。然而他只是小学毕业生，考试注定失败。在生活穷困潦倒的时候，他用“休芸芸”为笔名给报社投稿，小说竟得到了编辑的赏识，后来很多人都喜欢他纯净、清新的文风，深深爱上了他笔下的湘西风光。从此，他开始了文学创作之路，为后人留下了大量宝贵的精神财富。从沈从文的故事中，我们可以看出，一时的落寞苦难是不足为惧的，我们只要找到自己的特长，寻找到适合自己成长的路，就能走向成功。

人们常说“世界上并不缺少美，而是缺少发现美的眼睛”，同样的，我们自己并不缺乏独特的能力，只是缺少发现的眼睛。有的同学学习成绩虽然不好，但是人缘很好，特别适合做社会工作；有的同学写作不行，但是动手能力很强；有的同学胆小不敢在老师同学面前讲话，可是记忆力很好，英语文章倒背如流。我们可以说“你的未来不是梦”，你需要的就是找准自己的特长，加以发展。

背后玄机

不同的职业，除了需要完成基本工作的能力外，还需要个人的特殊能力。只有了解自己的特长，才能事先做好职业规划。想要做什么职业，自己就要有相应的能力。如果要成为侦探、律师、数学家，就需要有严谨的数理运算和逻辑推理能力，或者数字模式的特殊能力、处理较长推理的能力；如果要成为一名记者、作家、演讲家和政治领袖就需要较强的听、说、读、写的能力，需要能够顺利而高效地利用言语描述事件、表达思想并与人交流的能力；如果要成为作曲家、指挥家、歌唱家、演奏家，就需要有感受、辨别、记忆、改变和表达音乐的能力，表现为个人对音乐包括节奏、音调、音色和旋律的敏感以及通过作曲、演奏和歌唱等表达音乐的能力；想要成为画家、雕刻家、建筑师、航海家，就要有准确的空间感知能力，具有感受、辨别、记忆、变物体的空间关系，并借此表达思想和情感的能力，表现为对线条、形状、结构、色彩和空间关系的敏感以及通过平面图形和立体造型将它们表现出来的能力；想要成为运动员、舞蹈家、外科医生、赛车手，就要有控制自己身体运动和技术性地处理目标的能力，能够较好地控制自己的身体、对事件能够做出恰当的身体反应以及善于利用身体语言来表达自己的思想和情感的能力；想要成为公关人员、管理者和政治家就

要能够很好地觉察体验他人情绪、情感、气质、意图和需求的能力并据此做出适宜反应的能力；想要成为哲学家、小说家就要能够正确地认识和评价自身的情绪、欲望、个性、意志力……反过来看，如果我们自身拥有特定的能力，如音乐、体育、言语表达的能力，就应该重点培养这方面的能力从而在相应的职业上取得成功。

为我所用

要找到真正适合自己发展的道路并非易事，但我们并不能被动地等待机会偶然发现自己。我们应该怎么做呢？

首先，我们要全面认识自己。要认识自己，我们必须要做一个有心人，经常反省自己在日常生活中的点滴表现，总结自己是一个什么样的人，找出自己的优点和缺点。自我观察是我们自己教育自己、自我提高的重要途径。

其次，我们要多和周围人交流。通过他人的评价认识自己的长处和短处。大文豪苏轼写道："不识庐山真面目，只缘身在此山中。"认识自己有时候的确比较难，一般来说，当局者迷，旁观者清，周围的人对我们的态度和评价能帮助我们认识自己、了解自己。我们要尊重他人的态度与评价，冷静地分析。对他人的态度与评价我们既不能盲从，也不能忽视。

再次，要多储备知识，不局限于学校里学习的内容，而是积极主动阅读课外书籍，从科教频道、电影、纪录片中了解我们生活的世界和她孕育的文明。只有涉猎的东西多了，才能发现自己喜欢的、擅长的东西。

最后，要多进行实践和尝试。如果你不去学画画，怎么知道自己有没有美术天分？如果你没有参加野生动物兴趣小组，怎么知道自己善于和小动物沟通；如果你没有尝试去表演，怎么知道自己有表演天赋？我们的未来不是梦！因为我们知道自己喜欢什么、能做什么。因为我们有理想，并愿意为之付出努力。

匪夷所思——是白痴，还是天才？

美国盐湖城的一位名叫金·皮克(Kim Peek)的自闭症患者，他在历史、文学、地理、体育、音乐等15个不同领域，都有着超凡的天赋。据报道，皮克有过目不忘的本领。他甚至能将一本电话号码簿上的名字和电话号码一字不差地记住。直到今天，皮克还能几乎一字不漏地背诵9000本书的内容。不过，皮克在其他方面却显得相当“低能”。他不能料理自己的生活，连穿衣服这类简单的日常工作都不能做。皮克的故事给了好莱坞导演灵感，1988年奥斯卡获奖电影《雨人》(Rainman)就是以他为原型拍摄的。像皮克这样，有认知障碍，智商不超过70，但是在某一方面却有超乎常人的能力的人叫做“白痴学者”。

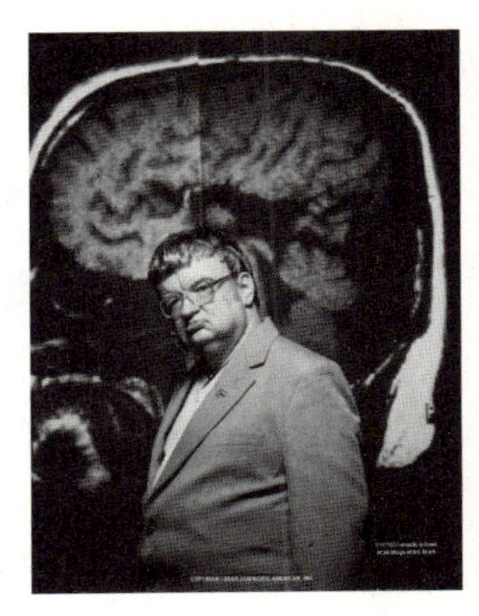

第七章　需要是成长的翅膀

你可以一直一个人吗？

我们的需要是座金字塔

当考试成为“梦魇”

无腿超人，坚强的意志激励我们

优柔寡断的猎豹没有食物吃

你可以一直一个人吗？

你可以一直一个人吗？

居住在拥挤而嘈杂的人群中的人们，常常会希望自己能拥有一方安静的、属于他个人的独有空间，不要受任何人的打搅。甚至有许多人还幻想着有一天能退隐到深山幽谷中，过与世无争的“隐士”生活。问题是，这样的生活你可以吗？

一個人的荒岛

18世纪末欧洲探险家史金克在一个荒岛上独居了4年。在这4年中，他可以自如地应付自然界的残酷，满足自己生存所需要的一切，但却无法忍受孤独的感觉。为此，史金克学着《鲁滨孙漂流记》中的鲁滨孙，养了一只鹦鹉以及几头野兽为伴，每天和这些动物们进行长谈。但是，他仍然常常陷入精神恍惚的状态，不能自拔。

深有感触

心理学家麦独孤认为，人类天生有许多先天固有的特性，其中一个就是寻求伙伴。这就好像蚂蚁集合在蚁群中，狒狒生活在自己的群体中，人类也只有生活在自己人类群体中才能过得开心，这是一种需要。需要是我们自身感到某种缺乏而力求获得满足的一种倾向，需要激发我们行为的原动力，例如我们感觉饿的时候需要寻求食物，孤独的时候寻求与人交流。

在生活中，我们会发现，有的需要是和我们的身体有关系的，比如渴了需要喝水，冷了要穿衣服，困了需要睡觉，累了需要休息，内急了需要上厕所，遇到危险就要逃跑以保证自身的安全，这类需要被称为生理需要，如果得不到满足，人的生命就难以继续，甚至整个种族都会灭绝。恐龙灭绝的原因就是因为当时气候变冷，地球上植物减少，他们没有足够的食物才会慢慢死亡。然而，另外一些需要不一定会威胁我们的生命安全，但是没有的话，人类的精神世界就会变得空虚，生活会变得没有意义。因此，我们需要学习知识、需要劳动、需要进行艺术创作来使我们获得更加丰富的物质；我们需要和同伴交流，需要友情和爱情，否则就会感到孤独。探险家史金克一个人在岛上生活就是少了这些精神食粮。我们还需要玩游戏、需要看电影、需要去旅行，这些享受使我们身心愉快，保持对生活的乐趣，以上这些需要被称为社会需要。

背后玄机

需要常以一种“缺乏感”被体验着，以愿望的形式表现出来，推动着人们向着目标行动。需要表现出以下的特征：

(1)对象性。人的需要都是是有目的、有对象的，如上课需要课本，居住需要房子，出门要有交通工具，娱乐要有场所……

(2)阶段性。人的需要是随着年龄、时期的不同而发展变化的。也就是说个体在发展的不同时期，需要的特点也不同。例如，婴幼儿主要是生理需要，即需要吃、喝、睡；少年时代开始发展到对知识、安全的需要；到青年时期又发展到对恋爱、婚姻的需要；到成年时，又发展到主要对名誉、地位、尊重的需要等。

(3)独特性。人与人之间的需要既有共同性，又有独特性。由于生理、遗传因素，环境因素，条件因素不同，每个人的需要都有自己的独特性。年龄不同的人、身体条件不同的人、社会地位不同的人、经济条件不同的人，都会有不同的需要。

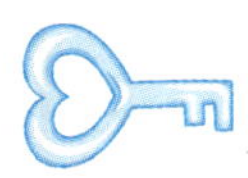

为我所用

(1)需要是个体活动的源泉,是推动我们发展的内在动力。需要激发我们去行动,并朝着一定的目标去努力,以求得需要的满足。如果你想数学考满分以获得老师和家长的表扬,那么你就会上课认真听讲,认真完成老师布置的任务,这就是需要的力量。

(2)需要和我们的活动紧密相关,需要越强烈,那么引起的活动也就越有力。比如,你父母说,要是你这次测验得到 100 分,就给你买个你喜欢的冰淇淋。此时,你可能认为 100 分太难考,一个冰淇淋不吃也罢,没有多少学习动力。然而,要是你父母说的是,只要你这次考试得到 100 分,就给你买期望已久的运动鞋,这时的你肯定充满了力量,愿意去努力地学习。这是因为你对一双运动鞋的需要比一个冰淇淋强烈,你为此付出的努力就会越多。因此,在日常学习中,我们可以把学习与一种强烈的需要联系起来,这样你的小宇宙就能激发出无限的动力。

(3)需要对情绪的影响非常大。凡能满足我们需要的事物,就会产生肯定的情绪,否则就会产生负面的情绪。我们在满足需要的过程中,肯定会遇到很多困难,只有克服了困难,你才能达到目标。

妙笔点睛——中学生需要什么?

需要的种类	具体的内容
生理和物质生活需要	水、空气、阳光、食物、睡眠;吃得好一些,穿得舒服一些;家庭现代化;安静的学习环境
安全与保障的需要	身体健康、体魄强壮;人身安全、不受欺负;生活安定、幸福美满;升入理想的学校和有个好工作
交往与友谊的需要	父母和老师的爱;同学之间团结友爱;结交诚实、正直的朋友

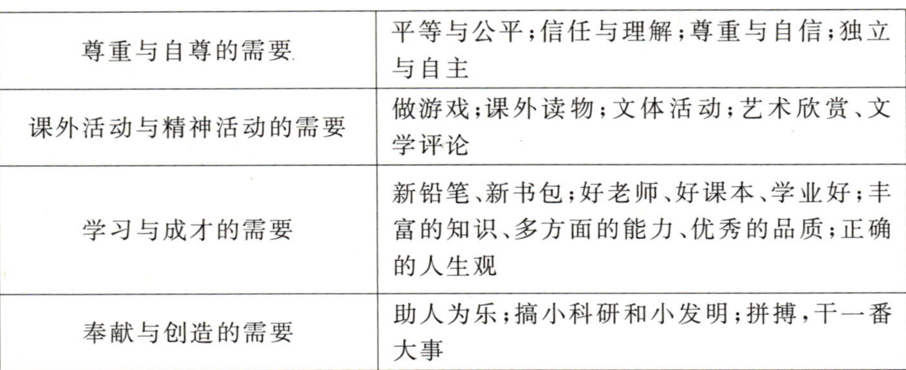

尊重与自尊的需要	平等与公平;信任与理解;尊重与自信;独立与自主
课外活动与精神活动的需要	做游戏;课外读物;文体活动;艺术欣赏、文学评论
学习与成才的需要	新铅笔、新书包;好老师、好课本、学业好;丰富的知识、多方面的能力、优秀的品质;正确的人生观
奉献与创造的需要	助人为乐;搞小科研和小发明;拼搏,干一番大事

我们的需要是座金字塔

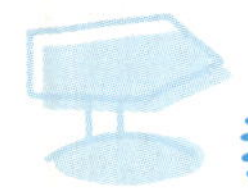

我们需要什么?

看看下面这首打油诗,你发现什么了吗?

忙碌为充肚子饥,刚得饭饱又思衣。
恰得衣食两分足,家中缺少美貌妻。
家娶三妻和两妾,出门走路少马骑。
骡马成群任驱使,身无官职被人欺。
七品六品官太小,四品三品官亦低。
朝中一品当宰相,又想面南坐皇帝。

深有感触

当一个人饥饿难耐的时候,他一心所想的就是如何寻找食物,而不会顾忌其他的事情,这个时候无论是争强好胜,还是安全感都显得无关紧要。然而当食物得到满足后,这个需要就不再是首要地位了,而其他方面的需要就可能变得更为重要,就像上面提到的“刚得饭饱又思衣”。人类所有的需要可以划分为五个层次,从生理需要(如饥饿)、安全需要(如人身安全)、归属与爱的需要(又称社会需要,如结交朋友)、尊重的需要(如被人肯定)、自我实现的需要(如实现愿望),从低级到高级依次排列为阶梯状,就像这座金字塔一样。

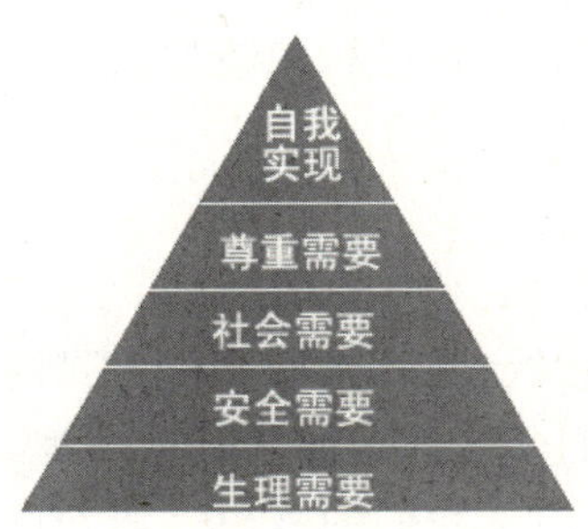

背后玄机

人的需要包括不同的层次，而且这些需要都是由低层次向高层次发展的。层次越低的需要强度越大，人们优先满足较低层次的需要，再依次满足较高层次的需要。

(1)生理上的需求：这是我们维持自身生存的最基本要求，包括呼吸、水、食物、睡眠、生理平衡、分泌等。如果这些需要任何一项得不到满足，我们的生理机能就无法正常运转。换言之，人类的生命就会因此受到威胁。在这个意义上说，生理需要是推动人们行动最首要的动力。当人落水了，为得到空气而挣扎，这时候的自尊和爱的需要就显得不是那么重要了。只有这些最基本的需要得到满足后，其他的需要才能成为新的动力。

(2)安全上的需求：人身安全、健康保障、财产所有性、家庭安全等需求。我们要求生活的环境安定、稳定、受到保护、有秩序。战争时期，处处都是爆炸轰鸣声，这时候的人们会焦躁、害怕和不安，这就是安全的需要。

(3)归属和爱的需求：友情、爱情等。每个人都在寻求爱与被爱，我们结交朋友，参加团队活动，这就是归属与爱的需要。

(4)尊重的需求：自我尊重、信心、成就、对他人尊重、被他人尊重。人人都希望自己的个人能力和成就得到他人的承认和认可。尊重需要得到满足，能使人对自己充满信心，对社会满腔热情，体验到自己活着的用处和价值。

(5)自我实现的需求：道德、创造力、自觉性、问题解决能力、公正、接受现实能力。这是最高层次的需要，它是指实现个人理想、抱负，最大程度发挥个人的能力，达到自我实现境界的人，接受自己也接受他人，解决问题能力增强，自觉性提高，善于独立处事，要求不受打扰地独处，完成与自己的能力相称的一切事情的需要。自我实现的需要是在努力实现自己的动力，使自己越来越成为自己所期望的人物。

为我所用

平时我们需要注意饮食，不暴饮暴食，不挑食，注意荤素搭配；经常运动；少玩电脑，这样我们才能保证有强壮的体魄，健康的身体，我们才能有精力去学习，有体力去追逐我们的梦想。遇到危险，要学会躲避（如地震、火灾）；遇到不法分子，要学会斗智斗勇（如尽快拨打110），目前我们这个阶段是不适合与不法分子正面交锋的，要首先保证自身安全。在家里，与父母和睦相处；在学校，与老师、同学建立良好的关系，当你被他人排挤时，要学会沟通。尊重他人，尊重他人习惯。努力学习，为实现自己的梦想而努力奋斗。

出奇制胜——巅峰体验

一位名叫马斯洛的心理学家对一些最成功的科学家、人类学家、心理学家进行了研究，他发现他们在日常生活、学习、工作中以及欣赏文艺作品、投身大自然时，能感受到一种非常奇妙、着迷、忘我而与外部世界融为一体的体验。这时，他们表现为情绪饱满、高涨。马斯洛把这一体验称之为"巅峰体验"。他说，他所研究的那些人几乎都有这种巅峰体验，而且非常频繁。这些人情绪高涨，且更有自信，极少有抑郁等消极情绪出现，因而他们的心理更健康。他得出了这样的结论：有"巅峰体验"的人心理更健康。

当考试成为“梦魇”

当考试成为梦魇

小亮小学学习成绩一直都名列前茅。小学升初中的时候，由于发挥失常只进了普通重点中学，因此压力特别大。进入初中以后，小亮几乎把所有的时间都用在了学习上，平时很少参加活动，节假日从来不休息，回到家也很少看电视、玩电脑，经常学习到晚上11点左右，遇到大的考试如期末考，经常学习到半夜。他认为只有刻苦努力才能得到好的分数，不然就会被同学们嘲笑。在这种强度下的学习，小亮的身体也越来越差，每逢遇到感冒经常很久才会康复。随着时间的推移，小亮身体日渐消瘦。小亮这样的努力，并没有得到相应的回报。大的考试前，小亮都会做噩梦，进入考场以后全身紧张、发抖，甚至是发烧，接着就影响自己的发挥。很多知识点明明复习过，但是考试的时候就是想不起来，最终导致小亮的成绩一直都徘徊在中下游。小亮为此很苦恼，明明那么刻苦认真，为什么就是不能取得好的成绩呢？他也越来越害怕考试。

深有感触

从上面看，我们不难看出小亮出现了考试焦虑。他把学习成绩作为衡量自己的唯一标准，每次考出差的成绩，他就会产生羞愧、内疚、自责、自卑等消极情绪，接着就会给自己更大的压力。这样周而复始，小亮的身体越来越差，成绩也没有得到提高，反而更加害怕考试。

俗话说，欲速则不达，有时候我们越想做成一件事，投入很多，反而得不到应有的结果。小亮的例子就是这样，越想考好试，越努力，结果却达不到理想。之所以产生这样的状况，是他想取得好成绩的想法太强烈了。在心理学中，这种为了达到一个目的，激励自己去做一些事情的动力就叫做动机，小亮想取得好成绩，努力学习就是因为他有很强的学习动机。动机是由一定的对象和目标引导、激发和维持某种行为的一种动力，如上述的学习动机。

动机与行为存在一定的关系，同一种行为可能有不同的动机。例如，在同一个班级中，每个人的学习动机是不一样的。有的希望成为优等生，在班上拔尖，得到老师和同学们的称赞；有的是为了报答父母的养育之恩，不愿意辜负父母对自己的期望；有的是在英雄、模范的影响下，希望学好本领，将来为祖国作出贡献；有的学生没有任何目标和理想，学习只是混日子。上面提到的不同的动机都表现在同一件事情上。同样，同一个动机也可以表现出不同的行为，例如，大家都想休息，有的人选择散步，有的人选择听歌，有的人选择闭上眼睛睡觉等等。

背后玄机

动机强度与我们常常提到的效率有关系。中等强度的动机最有利于任务的完成，也就是说动机强度在中等的情况下，效率最高，一旦动机高于这个强度，我们的行为就会出现一定的阻碍。如例子中的小亮，他学习动机太强、急于求成，这样就会产生焦虑和紧张，进一步影响学习和记忆的发挥。我们常见的“怯场”就是动机过强造成的。如果小亮试着将自己提高成绩的这种动机相应地减弱，也许就能发挥出很好的水平。

研究还发现，动机的最佳水平随任务难度的不同而不同。在比较容易的任务中，学习效率随动机的提高而上升；随着任务难度的增加，动机的最佳水平有逐渐下降的趋势。也就是说，在难度较大的任务中，较低的动机水平有利于任务的完成。这就是著名的耶克斯—多德森定律。

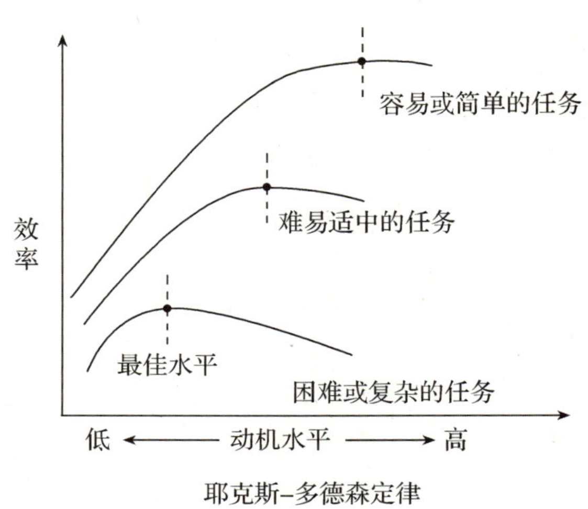

耶克斯-多德森定律

为我所用

如何缓解考试焦虑呢?

(1)端正考试态度,化压力为动力,以免未考先慌,大家要认识到,考试只是检验自己对知识掌握的程度,考好了,是对前段学习的一个肯定,会增强信心,促使自己更加努力地去学习;没考好,会迫使自己认真去分析原因,找出学习上存在的问题,进行及时的调整。不要总是将自己的注意力放在成绩上,这样会给自己背上沉重的思想包袱。

(2)进行积极的自我暗示。经常对自己说"我已经准备好了,考试并不可怕"、"考试成绩并不重要,只要在考试前作了最大的努力就行"、"我现在很镇静"、"放轻松、不要慌,没什么了不起"、"现在比以前好得多了""我是最棒的,相信自己"等。

(3)要认识到在考场中出现了适度的紧张是好事,而不是坏事,它有利于我们保持高度注意力,反应更加迅速,思维更加敏捷,有助于我们发挥出最佳水平。但如果焦虑过度,就会起到反作用,过度的考试焦虑会干扰回忆知识的过程,最终使学生考试发挥失常。长期处于较高的焦虑状态中对我们的身心健康是非常有害的。

(4)感到过于紧张时,可以选择一些简单的题先做,边做题,边进行深呼吸,告诉自己要镇定,等自己情绪平静时,再选择高难度的题。大脑在这种有张有弛的节奏中,无论是对高难度的题还是简单的题都会有较高的正确率。

妙趣横生——考试焦虑症

本测验共32道题,每题4个答案,选出适合你的答案:A很符合;B比较符合;C不太符合;D很不符合。

1.在重要考试的前几天,我就坐立不安;

2.临近考试时,我就拉肚子;

3.一想到考试即将来临,身体就发僵;

4.在考试前,我总是很苦恼;

5.在考试前,我感到烦躁,脾气变坏;

6. 在紧张的复习期间，我老想着“这次考试考糟了怎么办?”

7. 越临近考试，注意力就越难集中；

8. 一想到马上就要考试，参加任何文娱活动均没兴趣；

9. 在考试前，老是预感到这次考试将要考糟；

10. 在考试前，常做关于考试的梦；

11. 到了考试那天，我就不安起来；

12. 考试铃一响，我的心马上紧张起来；

13. 遇到重要的考试，我的脑子就比平时迟钝；

14. 看到考试题目很多，我会感到很不安；

15. 在考试中，我的手会变得冰凉；

16. 在考试时，我感到十分紧张；

17. 一遇到难题，我就担心自己不及格；

18. 在紧张的考试中，常想些与考试无关的事情，注意力集中不起来；

19. 在考试时，我会紧张得连平时记得滚瓜烂熟的知识也回忆不起来；

20. 在考试时，我会沉浸在空想中，一时忘了自己是在考试；

21. 在考试中，想上厕所的次数比平时多；

22. 考试时，即使不热，我也会浑身出汗；

23. 考试时，我会紧张得手发抖，连写字都很困难；

24. 考试时，经常会看错题目；

25. 进行重要的考试时，头就会痛；

26. 如果发现剩余的时间已来不及做完全部的题，我会急得浑身出汗；

27. 考试后，发现自己本来是懂的题，却没答对，我会感到十分沮丧；

28. 有几次重要的考试之后，我都腹泻；

29. 我对考试十分厌烦；

30. 只要考试不记成绩，我就喜欢考试；

31. 考试不应当像现在这样在紧张的状态下进行；

32. 不进行考试，我能学到更多知识。

评分规则：A 得 3 分，B 得 2 分，C 得 1 分，D 得 0 分。各题分数相加即是你的总分。总分在 0 到 24 分，是镇定的，心理状态比较好；25 到 49 分是轻度的焦虑；50 到 74 分是中度焦虑；75 到 96 分，就是严重的焦虑症了。测试之后，如果你存在一定的考试焦虑，可以采用文中提到的方法进行自我调节，如果焦虑没有缓解，你就需要向专业的心理健康老师寻求帮助了。

无腿超人，坚强的意志激励我们

无腿超人

他是约翰·库缇斯，一名1969年出生的澳大利亚残疾人，出生的时候只有可乐罐那么大，腿是畸形的，躺在观察室奄奄一息，医生曾断言他不可能活过24小时，建议他父亲准备后事。17岁的约翰·库缇斯做了腿部的切除手术，就此，约翰成了"半"个人。

因为身体残疾，他从小被同学们孤立，运动成了约翰唯一的寄托。然而，每当约翰戴着太阳眼镜和运动头盔出现在赛场上时，小孩子们总会喊起来："看哪，来了一个会走路的头盔！"听到这些，约翰并没有放弃他的爱好，并且获得了一系列的荣誉。1994年，约翰·库缇斯获得澳大利亚残疾人网球赛的冠军；2000年，约翰拿到澳大利亚体育机构的奖学金，并在全国健康举重比赛中排名第二。约翰还获得了板球、橄榄球的二级教练证书。他用成绩回击了所有的嘲笑和侮辱。

一次偶然的公开演讲，给约翰带来了全新的人生。约翰有着天生的演讲家的气质，语言幽默，反应敏捷。在演讲台上，约翰用粗壮的胳膊支撑着身体，眼神炯炯，声音洪亮，仿佛拿破仑在激励他的千军万马向前冲。到现在为止，约翰在190多个国家，做了800多场演讲，他用自己的亲身经历，激励和影响了200多万人。

当生活步入轨道的时候，一个可怕的噩梦继续向他袭来。1999年下半年，约翰被诊断患了癌症。接下来，将近一年时间约翰都在与病魔抗争。2000年5月，医生惊讶地发现，约翰居然痊愈了，这次幸运女神终于眷顾了约翰。

深有感触

约翰的一生似乎都在与恐惧、孤独、侮辱、折磨、病痛甚至与死亡抗争，而他都是最后的获胜者。回想往事，他说："这个世界，充满了伤痛和苦难。有的人在烦恼，有的人在哭泣。面对命运，人应该拥抱痛苦，笑对人生，而不只是与之苦斗。任何苦难都必须勇敢面对，如果赢了，则赢了；如果输了，就是输了。只要有坚强的斗志，生命中没有什么不可能。”阅读了无腿超人约翰·库提斯的真实事迹，你有什么感想吗？约翰曾说过，100 次摔倒，可以 101 次站起来；1000 次摔倒，可以 1001 次站起来，摔倒多少次没有关系，关键是最后你有没有站起来。他凭借着自己坚强的意志坚持了下来，活了下来，命运没有击垮他。生活中，很多坚强意志的故事激励着我们，如孙敬头悬梁、苏秦锥刺骨、李白的铁杵磨成针、匡衡凿壁借光等。他们之所以成功，就是凭借着坚持不懈的努力和坚强的意志。

意志是人们自觉地确定目的，并根据目的调节支配自身的行动，克服困难，实现预定目标的一个过程。当我们意识到自己有某种需要时，就会产生满足需要的愿望，从而进一步有意识地确定追求的目的，拟定达到目的的计划，并做出行动。那些坚强的意志往往具有以下几个品质：自觉性，自发调节自己的行为，例如，一个想要成绩优秀的学生，往往不用父母和老师的监督就可以自发地完成作业以及预习和复习。果断性，有能力及时采取有充分根据的决定，并且是在深思熟虑的基础上做出的，如司机师傅面对前面的车祸事故，能迅速做出向哪个方向避让的判断，警察遇到小偷偷钱包，可以迅速抓住小偷。坚定性，长时间坚持自己的决定，并坚持不懈地努力，如运动员们十年如一日的锻炼。自制性，善于掌握和支配自己行动的能力，如回家后抵制玩电脑的诱惑坚持完成作业。

背后玄机

坚强的意志帮助我们迎难而上，促进我们对事物的理解，最终帮助我们获得成功。但是意志是如何起作用的呢？原来意志过程包括两个阶段，即决定阶段和执行阶段。

(1)决定阶段

意志的决定阶段，也是意志行动的准备阶段。在这个阶段中，我们首先要解决动机斗争的问题，然后再确定行动的目的和选择达到目的的方法。由于我们愿望的复杂性，常会同时出现两个甚至两个以上的动机，比如你是考离家近但只是县重点的学校还是离家远但是是市重点的学校，这时候你往往要进行思想斗争。如我们想要得到高品质的教育，那么必然选择市重点学校，离家近远反而成为次要的了。我们所做的决定往往会反映出我们目前的思想、观点和立场。目的确定了，那么就该行动了，

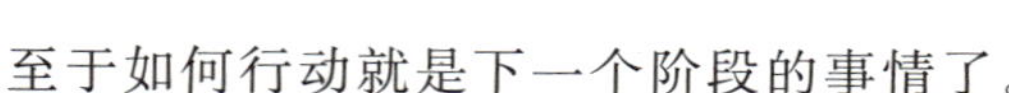

至于如何行动就是下一个阶段的事情了。

(2)执行阶段

执行阶段就是将行动计划付诸实现的过程。在执行阶段中,我们意志的品质就成为衡量愿望是否达成的一个重要指标了,也就是说我们有没有坚定的意志可以一直坚持下去了。有些人意志坚定,可以坚持下来;有些人却半途而废、虎头蛇尾或者“三天打渔,两天晒网”,这都是意志薄弱的表现。

执行阶段往往会遇到很多的困难和挫折,这时候就是看你意志坚定不坚定的时刻了。

面对挫折,我们会出现无助、焦虑、伤心、紧张等负面情绪,能否经得起这些挫折就要看我们能否摆脱这些负面情绪,豁然开朗,或者迎头赶上,勇往向前。

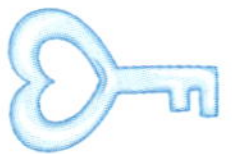

为我所用

坚强的意志帮助我们成功,但是如何培养坚强的意志呢?

(1)要有自信心。相信自己,相信自己干什么事情都能行,相信自己通过自己的努力一定能达到目标。平时多鼓励自己,当然是在事实基础上对自己进行表扬和肯定。

(2)千里之行,始于足下。从小事做起,持之以恒,是磨炼意志的好方法。我国体育名将周晓兰,在球场上吃得苦、忍得痛,意志坚强,与她小时候在小事上的磨炼分不开。上小学时,她常因看电影耽误功课,在父亲帮助下,从克制看电影做起,功课做不完,把电影票退掉,再好的电影也不去看。经过一段时间,她战胜了自己,养成了很强的自制力。哪怕对自己一点小的克制,都会使人变得强而有力。因此,要从小事开始培养自己坚强的意志。

(3)要有明确的目标。目标明确了,自己才能更好地完成任务,如期末考试数学考好,这个“好”又是怎么定义的呢?我们不妨将目标改成期末数学考 90 分,这个目标就很明确了。具体该如何实施,就要靠自己想办法了。如我应该在填空题得多少分,选择题得多少分,计算题多少分,这样你的目标就更加明确了。也可以给自己列下奖惩措施,如我考到 90 分了,就可以自己奖励自己去动物园、植物园一次;如果没有达到目标,那么就要惩罚自己不能看漫画书之类的书籍。

(4)学会正确看待挫折。遇到困难和挫折时，首先要认识到挫折是我们生活中的一部分，是普遍存在的；要学会运用自己的大脑想出解决困难的办法，并且善于总结自己和别人失败的教训；学会在适当的时候说“不”，有的时候放弃并不代表失败，放手换另一种方案可以帮助我们节约很多时间；调整自己的情绪状态，不要让负面情绪影响自己的发挥；适当的时候学会向别人求助，当有些问题自己解决不了的时候，可以求助于父母、老师、同学等，你要知道自己并不是孤单的一个人，向别人求助，并不是懦弱的表现。

妙不可言

- 在坚强的意志面前，一切都会臣服。——泰戈尔
- 人们的毅力是衡量决心的尺度。——穆泰耐比
- 意志与智慧两者是一个相同的东西。——斯宾诺莎
- 伟大的人做事绝不半途而废。——维兰花
- 只要有决心和毅力，什么时候也不算晚。——克雷洛夫

优柔寡断的猎豹没有食物吃

优柔寡断的猎豹没有食物吃

非洲草原的草丛中，埋伏着一头猎豹。猎豹从逆风处，蹑手蹑脚地向羚羊靠近——这是大型猫科动物在捕猎时所采取的惯用伎俩，并且每次都需要事先盯上某一只猎物，然后对准它猛冲过去。

这一回，猎豹心想："数量这么多，我到底应该盯住哪一只呢？看——那只，单单顾着低头吃草，暂时丧失了警惕，就去抓它吧……哦，不，在它身旁，还有一只雄性，头上仅剩下一只犄角，另一只角，估计是在打斗中，被对手折断的，想必这羚羊的反抗能力，会大大下降，大概不难捕捉……嘿！还有更好的呢，那只倚在树干上的羊，膘肥体壮，看哪！它身上的肉多么厚实。捕猎的目的不就是为了吃到更多的肉嘛，我杀死了它，能饱饱地吃上一顿，两天内都不用再为进食发愁了……再等等，还有更合适的吗……"

这时，树顶的狒狒们居高临下，它们发现了猎豹的身影，便立即发出警报。黑斑羚顿时集合在一起，朝一个方向撒腿猛跑。猎豹见此情景，只得遗憾地接受眼前的事实，它知道：追捕已经来不及了，而出其不意地伏击及短距离冲刺才是他的杀手锏。

深有感触

生活中，我们经常会面临着选择。如果只有一个选择我们往往很容易很坚定地就做出了反应，但是当面前有多个选择时，我们会发现自己难以取舍，我们会表现出犹豫不决、举棋不定，就像上面故事中的猎豹一样，看到那么多的羚羊却不知该从哪只下手，这种现象就是动机冲突。之所以会出现这种现象，往往因为人们害怕做出错误的选择，害怕承担自己选择的后果，于是就会在多个选择中一直做比较，生怕自己会忽略某个因素而导致失败。动机冲突在每个人的日常生活中都是经常发生的。比如你看上两款笔记本，一款简洁大方，一款俏皮可爱，可是你身上只有一本笔记本的钱，那么你会怎么选择呢？在对待父母的态度上，我们也体验到了冲突，一方面，要从父母那里获得保护和供养，以满足饮食、衣着、玩具、表扬等需要，另一方面，自己的行为处处受到父母的约束和限制。这时候，就会出现既要依赖父母，又想摆脱父母束缚的现象。面对动机冲突时，我们如果不能很好地处理，就会产生强烈的消极情绪，陷入困惑和苦闷之中，甚至颓废和绝望，无力自拔。动机冲突不但影响我们学习的积极性，还会给我们的身心健康带来严重的威胁，甚至使人的精神状态趋于崩溃，乃至行为失常。然而，很多时候，动机冲突可以激发我们的能量。如果我们正确认识它，使其自然的发展，冲突就会变成激发剂。因此，我们要学会正确看待并运用动机冲突。

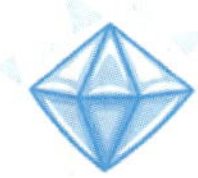

背后玄机

在社会生活中，我们的需要是各不相同的，因此也就形成了多种多样的动机。但是在某一特定的时空条件下，这些同时并存的动机不可能同时获得满足，因此就产生了动机冲突。动机冲突主要有以下四种类型：

（1）双趋冲突。两种事物对我们来说都具有吸引力的目标同时出现，但是你只能选择一个。此时个体往往会表现出难于取舍的矛盾心理。如在时间只允许你选择一门培训课时，你是选择你感兴趣但是很冷门的科目呢？还是选择你不感兴趣但是对考试却很有帮助的科目呢？我们在面对这种情况时，一定要冷静分析，尽快放弃一个选择另一个或者同时放弃，选择其他的目标。

（2）双避冲突。两种对我们来说都不令人喜欢或者都具有威胁性的目标同时出现时，我们都希望逃避，但由于条件和环境的限制，也只能选择其中的一个目标。如“前有狼后有虎”正是这种处境的表现。面对这种情况，我们往往要花费很多时间来做出选择，要想解决这种情况只能“两权相衡取其轻”。

（3）趋避冲突。我们对同一事物产生两种动机：一方面想要靠近，一方面又害怕。这时候我们就会产生矛盾的心理。例如，想吃鱼又怕鱼刺；爱吃零食又害怕发胖；想和别人交朋友又害怕被拒绝；想要参加课外活动又害怕影响成绩等。要想解决这种问题，只能权衡利与弊，做出选择。

（4）多重趋避冲突。在实际生活中，我们要面临两个或两个以上的目标，而每个目标又分别具有吸引和排斥两方面的作用。例如，一个高考成绩不理想的人，想复读又害怕难以承受心理压力，越考越差；想读中专又不甘心，害怕因为没有好的学历影响找工作。这时候我们无法简单地选择一个目标，而回避或拒绝另一个目标，必须进行多重的选择。

为我所用

我们做出选择时会伴有矛盾心理，长时间面对这种矛盾会对我们的身心造成严重的伤害，那么我们该如何做才能减轻面对冲突带来的负面影响呢？

(1)果断做出选择。如，为“尽快结束苏北战事”，蒋介石集中25个师发起宿北战役。陈毅决定集中力量，慎重待机。当戴之奇加速冒进时，陈毅果断出击，经5日激战，歼灭了所有敌人。陈毅在对我方有利的情况下，看准时机，果断出击才取得了这场战役的胜利。日常生活中，面对困境同样需要果断做出抉择，如发生火灾、地震时，我们要争分夺秒，果断放弃钱财，不要瞻前顾后。在特定的时候，只有敢于取舍，我们才有机会获得更长远的利益。舍弃意味着损失，但这是当前最佳的选择方式，如果因小失大，后果会更加惨重。不要害怕做错什么，即使错了，也不必懊恼，人生就是对对错错，何况有许多事，回头看来，对错已经无所谓了。

(2)主动决策。当遇到一件难以取舍的事情时，我们通常希望有人给自己指点迷津，甚至替自己做出选择。然而，寻求帮助是应该的，但这并不意味着我们被动地等待别人给出答案。如果一直依赖他人帮助的话，自己始终成长不起来，不能独立解决问题。主动，是帮助我们成长的高效方法之一。遇到困难时，我们要学会冷静分析和思考，自己拿主意，这样就能慢慢地养成独立思考，主动解决问题的习惯。随着我们经验的增加，面对选择的时候就能又快又准确地作出判断。

奇思妙想——海因兹偷药救妻

欧洲有个妇女身患一种特殊的癌症，生命垂危。医生认为，有一种药也许救得了她。这种药是本城的一名药剂师最近发明的一种药剂。该药造价昂贵，药剂师还以高于成本十倍的价格出售。当时，他花了200美元买药，现在这一小剂药却索价2000美元。这位身患绝症的妇女的丈夫叫海因兹，他向每个相识的人借钱，但只筹到了大约1000美元，只是药价的

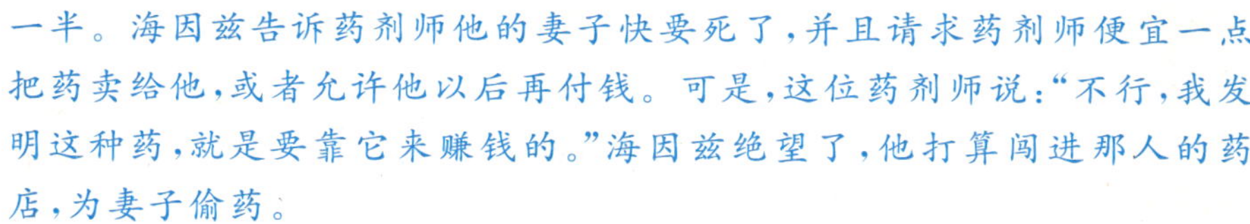

一半。海因兹告诉药剂师他的妻子快要死了，并且请求药剂师便宜一点把药卖给他，或者允许他以后再付钱。可是，这位药剂师说：“不行，我发明这种药，就是要靠它来赚钱的。”海因兹绝望了，他打算闯进那人的药店，为妻子偷药。

如果你是海因兹，你会去偷药吗？如果不去偷药，妻子就会死亡；如果去偷药，就是犯法的。这属于什么样的冲突，如果你是海因兹，你会如何解决这个冲突？

第八章　冲动是一颗吃不完的后悔药

小玲的快乐不见了

笑一笑，十年少

“鸭梨”很大？

越长大，越烦恼

“生气水”能杀死老鼠

小玲的快乐不见了

小玲的快乐不见了

小玲在中考的时候发挥失常，没有考上心仪的国家重点中学，只能就读于某所县重点中学。进了这所中学后，别的同学都非常开心，非常好奇，她却全然没有这种感觉。刚开始的时候，她还可以跟着同学们一起上课，也会参加一些学校举行的活动，但是一闲下来她就开始伤心难过，感叹命运对自己的不公平，后来，慢慢地她开始经常生病，不是感冒就是胃不舒服，因此经常请假，成绩也开始下降。她常常觉得心里有什么在堵着，有时甚至透不过气来。现在她觉得自己已经很难坚持学业了。

深有感触

从上面的叙述我们可以看到，案例中的小玲正遭遇着悲伤、难过、抑郁等情绪的困扰，而且她的情绪问题已经严重影响到了她的学习，生活以及身体健康。如果继续任由这种消极情绪持续下去，小玲的学业和生活将会受到更严重的影响。你一定有这样的经历：遇到喜庆的事情，比如期末考试得了满分，你会喜上眉梢；遇到生气的事情，比如受到同学的辱骂，你会愤怒无比；遇到伤心的事情，比如喜欢的东西丢了，你会痛苦悲伤。其实，这一切都要归于我们的情绪。情绪与人们的生活密切相关，是对人的学习是否顺利、生活是否满意的及时反映和信号。我们几乎每天都在表达着自己的情绪，比如"今天高兴死了"、"我现在很懊恼"、"刚刚我紧张死了"、"郁闷啊"、"吓死我了"，情绪是我们每个人不可或缺的生活体验，情绪是有血有肉的生命的属性，"人非草木，孰能无情"。

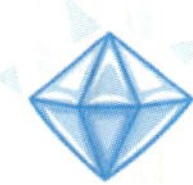

背后玄机

情绪是我们对待客观事物的一种态度体验。情绪是一种心理现象，是人们对于周围各种事物和现象的一种内心感受。人们对每天表现在自

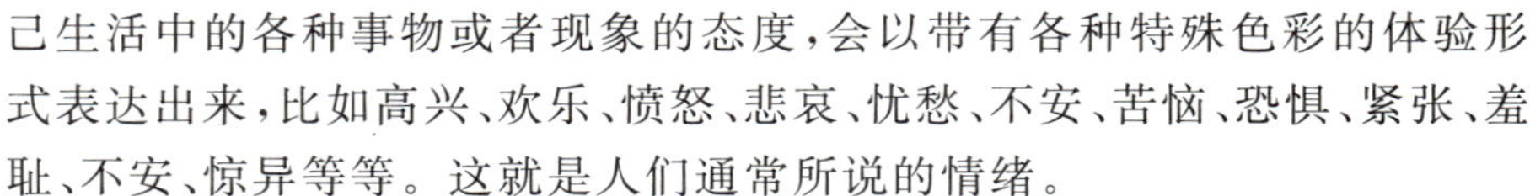

己生活中的各种事物或者现象的态度，会以带有各种特殊色彩的体验形式表达出来，比如高兴、欢乐、愤怒、悲哀、忧愁、不安、苦恼、恐惧、紧张、羞耻、不安、惊异等等。这就是人们通常所说的情绪。

情绪的产生，都是以我们的需要为中介的，符合我们的需要的事物引起积极的情绪，相反不符合我们需要的事物就引起消极的情绪。比如，当我们肚子饿了，这时面包可以满足我们饥饿的需要，所以当我们看到桌上的面包时，我们就会产生高兴的情绪；当晚上我们准备睡觉时，周围嘈杂的鸣笛声影响到了我们休息的需要，这时我们就会产生愤怒、厌烦的情绪。不同个体的需要不同，对同一事物产生的情绪体验也不一样。比如：对于爱学习的同学，下课铃声就会让我们产生厌烦的情绪；相反对于迫切盼望下课的同学来说，下课铃声就成为了世界上最美妙的声音了。

事物是否满足我们的需要有赖于我们对事物的认识和评估。但是人们的需要是很复杂的，所以现实生活中，人们的情绪与事物之间的关系，并不是像上面描述的那么简单直接。有的时候一种事物可能满足我们的某种需要，而不能满足另一种需要，甚至会和某种需要产生冲突。这些往往导致我们更复杂更矛盾的情绪，如悲喜交加、爱恨交织等。

为我所用

情绪每一天每一时刻都在变化，但是不同的情绪对应着不同的身体反应。以呼吸为例，呼吸频率在消极悲伤时是每分钟 9 次，高兴时每分钟 17 次，愤怒时每分钟 40 次，恐惧时每分钟 64 次。另外当我们紧张时，我们的血管会收缩，汗腺分泌增加等等。针对这些反应，我们发明了测谎仪。说谎的人什么样？

童话故事中的匹诺曹，一说谎鼻子就要长一寸。但是童话毕竟是童话。现代科学证实，人在说谎时生理上的确会发生着一些变化，有一些肉眼可以观察到，如出现抓耳挠腮、腿脚抖动等一系列不自然的人体动作。还有一些生理变化是不易察觉的，如：出现呼吸抑制和屏息，脉搏加快，血压升高，血输出量增加及成分变化，导致面部、颈部皮肤明显苍白或发红；皮下汗腺分泌增加，导致皮肤出汗，双眼之间或上嘴唇首先出汗，手指和手掌出汗尤其明显；眼睛瞳孔放大；胃收缩，消化液分泌异常，导致嘴、舌、唇干燥；肌肉紧张、颤抖，导致说话结巴。这一切都逃不过测谎仪的“眼睛”. 据测谎专家介绍：测谎一般是从三个方面测定一个人的生理变化，即

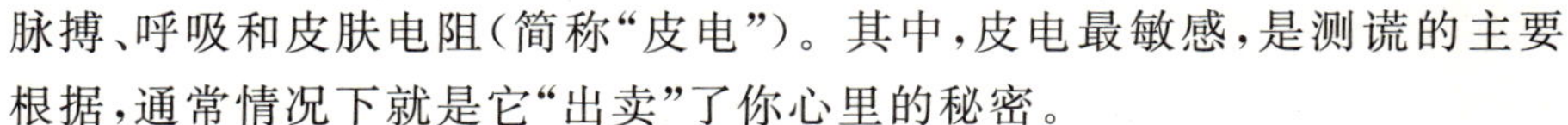

脉搏、呼吸和皮肤电阻(简称“皮电”)。其中,皮电最敏感,是测谎的主要根据,通常情况下就是它“出卖”了你心里的秘密。

目前,测谎仪作为一种心理测试手段和工具,已被运用于犯罪调查中,用以协助侦讯,了解嫌疑人的心理状况,从而判断是否涉案。

妙趣横生——不同情绪的面部模式

情绪	面部模式
兴趣	眉眼朝下、眼睛追踪看着、倾听
愉快	笑、嘴唇朝外朝上扩展、眼笑(环形皱纹)
惊奇	眉眼朝上、眨眼
悲痛	哭、眼眉拱起、嘴朝下、有泪有韵律的啜泣
恐惧	眼发愣、脸色苍白、脸出汗发抖、毛发竖立
羞愧——羞辱	眼朝下、头低垂
轻蔑——厌恶	冷笑、嘴唇朝上
愤怒	皱眉、眼睛变狭窄、咬紧牙关、面部发红

笑一笑，十年少

笑一笑，十年少

笑一笑，真的可以十年少吗？(1)笑是长寿的秘方：荷兰科学家发现，经常笑逐颜开的人，寿命比较长。生活乐观的人与生活悲观的人相比，死亡率低45%，心血管疾病的死亡率甚至低77%。(2)笑是降血压的秘方：人如果经常笑，血压会下降。这种奇妙的效果不是短期性的，而是具有长期疗效的。(3)笑是预防糖尿病的秘方：最新科研成果表明，糖尿病患者也能从笑中得益。当他们笑逐颜开的时候，其血糖水平随之下降。(4)笑是促进消化的秘方：人笑的时候，横隔膜产生振动，许多肌肉也因积极活动而变得温暖起来。因此，笑能促进消化功能，同时促进代谢。(5)笑是预防感冒的妙方：当人笑时，唾液和整个喉鼻咽部中的免疫血清素A的浓度有所增加。这种血清素能抵御引起伤风、咳嗽、咽喉痛、感冒、流行性感冒等疾病的细菌和病毒。(6)笑是抵抗肿瘤细胞能力增强的秘方：美国神经免疫学家的最新科研成果显示：每当人笑的时候，体内产生的吞噬细胞明显增加，这些细胞积极参与围剿肿瘤细胞的活动。

深有感触

生活中，笑是一种感情的沟通，是感情的一种传递。最令人愉快、最善待客人的表情就是面部的笑。恐怕这个世界上从来不笑的人是不存在的。笑，表达我们的感情，沟通我们的思想，展示我们内心的世界。它对每一个人都起着宽慰作用、鼓励作用和愉悦作用。开心的时候喜上眉梢，笑一笑，表达我们快乐的心情；遇到伤心的事情，笑一笑，雨过天晴；朋友见面，会心一笑，表示问候和关心。笑不是单一的，它有不同的方式和种类：有发自内心的开怀大笑，喜极而泣的笑，无可奈何的笑，安慰对方的笑，充满自信的笑，意外之后的笑，嗤之以鼻的笑，满足的笑，遭人拒绝时的苦笑，郁郁寡欢的笑，热情的笑，自认倒霉的笑。在千万种笑中，最为美好的莫过于微笑。面对人间是非曲直，面对人生坎坷不平，面对生活困难问题，我们都微笑走过，用含笑的目光审视和体会美好。

背后玄机

情绪是一种内部的主观体验，但是在情绪发生时，总是伴随着某种外部表现，我们前面提到的笑就是很常见的外部表现，又称为表情。面部表情是指通过眼部肌肉、颜面肌肉和口部肌肉的变化来表现各种情绪状态。比如人的眼睛最善于传情，不同的眼神可以表达不同的情绪。面部表情是一种十分重要的非语言交往手段。艺术家们往往会通过对人物面部表情的描绘，来表现人物内心的情绪和情感，栩栩如生地展现人物的精神风貌。例如，高兴和兴奋时“眉开眼笑”，气愤时“怒目而视”，恐惧时“目瞪口呆”，悲伤时“两眼无光”，惊奇时“双目凝视”等等。面部表情可以分为八类：感兴趣—兴奋；高兴—喜欢；惊奇—惊讶；伤心—痛苦；害怕—恐惧；害羞—羞辱；轻蔑—厌恶；生气—愤怒。一般来说，眼睛和口腔附近的肌肉群是面部表情最丰富的部分。

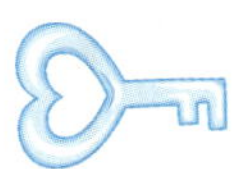

为我所用

笑是一种社交工具，交朋友时，向同学提出要求时，我们都要用微笑来表达善意。试想一下，我们冷笑或者哭丧着脸对朋友说话时，朋友是否还愿意搭理你呢？相反，当我们面带微笑，向朋友提出需要帮助时，他们是不是会很乐意帮忙呢？当我们微笑着交朋友的时候，是不是更容易获得信任？当我们试图解释跟朋友的误会时，微笑是不是很容易化解尴尬？因此，生活中，我们要微笑，微笑着迎接每一天，微笑面对每个人。

当我们在顺境时容易笑，但在遭遇逆境时，却很难笑得出来。然而，最该笑的时候，正是在遭遇逆境的时候啊！不要对自己落井下石。遭遇本来已经够为坎坷，再去痛苦和忧伤，往往就是给自己多一重打击。笑，是你向逆境挑战的最佳武器，而且你在任何时候都可创造出来。保持笑容和积极乐观的态度，能为你找到冷静处理问题的方式，创造外在改变契机。

妙趣横生——开心一刻

(1)“你得减肥了！”医生劝告病人，“你现在从事什么职业？”

“在马戏团里吞匕首。”

“你必须节食，从明天起改吞针吧，而且一天不能超过5根。”

(2)哥哥检查弟弟的作业，问：“你怎么把有问必答写成了有问‘鼻’答？”

弟弟说：“那天我问你一道数学题，你不是用鼻子‘哼’了一声就走了吗？”

“鸭梨”很大？

“鸭梨”很大？

“鸭梨”很大、毫无“鸭梨”等词来源于百度贴吧。“鸭梨”是“压力”的谐音。一些常用拼音输入法输入“yali”首先出现的词是“鸭梨”，百度某一才子不知是故意的还是无意地把“压力”打成“鸭梨”，但却使无数人模仿。“‘鸭梨’很大”是压力很大的谐音。“你‘鸭梨’大吗？”这句话让我们感受到压力又不愿被压力所迫的网民的戏谑之语，其中充满了挑战生活的小智慧，也蕴含了化解压力的内在能量。试想，如果把压力等同于鸭梨，那么我们真的没必要那么压抑不安，且把压力当鸭梨，啃下它，你就是胜利者！面对生活，如果不能笑傲江湖，至少还要有“笑熬糨糊”的勇气！

深有感触

生活中，处处有压力。(1)个人压力：前途不明朗(不知道将来干什么)，情绪不稳定，健康欠佳，仪表不出众，自卑、失落等。(2)家庭压力：父母期望过高(希望门门满分)，父母责骂，父母啰嗦，与父母缺乏沟通，与兄弟姐妹不和，父母经常争吵，家庭破碎，家庭经济欠佳，自己兼顾太多家务等。(3)学校压力：功课繁多，题目太难，测验和考试频繁，成绩不理想，老师要求过高，师生缺乏了解与关怀，严重偏科，与同学关系不好，校规太严，被学校处分等。(4)社会环境压力：居住环境挤破，交通堵塞，环境卫生恶劣，噪音污染，空气污染，社会风气不良等。(5)社会交往压力：缺乏知己朋友，被朋友玩弄、欺骗，与朋友发生纠纷，被朋友冷落、排斥，朋友比自己成绩好，朋友向自己炫耀名牌等。在上述提到的压力中，你有多少呢？

背后玄机

压力不是一种想象出来的疾病而是身体"战备状态"的反应，这是当意识到某种情形，或者某个人，或者某件事情具有潜在的威胁性和紧张状态的时候做出的反应。当这种情况发生的时候，我们会出现以下症状：心跳开始加快，呼吸开始急促，肌肉紧张并准备行动，视觉变得敏锐起来，胃里打鼓，思维敏锐，开始出汗，心中不安，严重时会恶心、呕吐。多数人常态下身体却保持红色警戒状态，不能放松，放不下这根弦。紧张不安和焦虑保持在身体中并随着遇到的每一件能引起紧张情绪的事情不断积累上升，最终导致了不良结果。

我们遇到的大大小小的压力都是有一定的来源的，称之为压力源，包括生物性压力源、精神性压力源、社会环境性压力源。生物性压力源直接阻碍和破坏个体生存与种族延续的事件，包括身体创伤和疾病，饥饿、睡眠剥夺、感染、噪声、气温变化等。精神性压力源直接阻碍和破坏个体正常精神需求的内在和外在事件，如具有不良个性心理特点(易受暗示、多疑、嫉妒、处责、悔恨、怨恨等)。社会性压力源直接阻碍和破坏与社会需求相关的事件，如重要人际关系破裂和社会交往不良。

为我所用

压力有时可以激励人进步。但是那些对未来的忧虑、对不同的情境下产生的心理压力等等，常常有着潜在的深刻后果。比方说：对生理和心理上的反作用，使人容易疲倦、暴躁、焦虑。更重要的是，它会把我们的身体击垮，使我们易于患病。

因此，学会如何解压是当我们面对压力时必须具备的一项能力——排除压力需要具体的方法，下面的一些有效的建议你不妨试试：

(1)学会丢包袱

生活中繁杂的事务会将我们宝贵的时间和精力支解，使我们没有充足的时间和精力去执行最重要的事情。这时，你会感觉到很大的压力。有效的办法是先分析一下什么对你是最重要的，哪些事情是次要的，重要的事情先做，次要的少做或不做，这样就可以为自己赢得宝贵的时间。如临近期末考试，那么多的知识需要复习，你不可能短时间内全部复习完。

这时候就需要你选出哪些知识点是最重要的，哪些知识点是次要的，又有哪些知识点只是需要了解的，对知识点进行了分类，那你复习起来就事半功倍了！

(2)善待自己，放低标准

不要对自己太苛刻了，至善至美只是一个遥远的梦，摆脱完美主义的束缚吧！不要妄想把所有的事情都干得完美无缺。适当放低一下标准，放松一下自己的心情，或许在客观上也减轻了别人的压力。

(3)给自己留一点儿思考的时间

压力的产生也可能是因为对事情本身的理解造成的。过分夸大了事情的重要性和后果，导致心理负担加重。不少人往往因为急于求成，而忘记了对事情本身的思考。留一点儿时间思考能让你更清楚地看到事情本来的面目，同时也给了自己一个解剖情绪、分解压力的机会。

(4)不要忘了休息

过重的学习会导致人生理疲劳，效率低下，从而导致过分的焦急与紧张。适当的休息不但会缓解大脑疲劳，而且可以放松一下紧张的心情，减轻心中的压力。周末的时候不妨好好休息一下。

(5)写作减压

“把烦恼写出来”，美国心理协会倍加推崇写作减压这种方式，写作的内容是什么呢？是什么让你觉得有压力以及你生理、心理上的一切烦恼都可以写下来。早在1988年，美国就有一些心理学家做过测试，一组人员专写压力和烦恼；另一组人员则只写日常浅显的话题。每4天为一个周期，持续6周后，结果前一组人员心态更加积极、病症较少。这个测试说明了一个道理：把压力写出来可以帮助我们减压，这个办法是非常简单的，只需要一支笔一张纸走到哪里都可以实行。

妙不可言

●承受压力的重荷，喷水池才喷射出银花朵朵。

●有人笑：瞧，松树被霜雪压弯。我说：不！是它斩断了冰刀。

●钻石——人们往往羡慕你七色分明，光芒四射，可有谁知道这块“纯碳”，在地壳深处经受了数千年高温高压的考验。

越长大，越烦恼

越长大，越烦恼

读初中二年级的小文很烦恼："刚刚上初中的新鲜劲过去了，现在觉得学习、写作业特别没有意思。学习时特别情绪化，高兴的时候学习效率很高；不高兴的时候，什么也不想做，现在导致成绩大起大落，好的时候就是高分，差的时候甚至不及格。除了学习方面的问题，还与父母关系紧张，回家的时候，父母问我为什么回来得这么晚，我就会与他们争吵，不就是回来晚了一点吗，又不是没有回来，啰嗦死了。父母让我干什么，比如补习，我就跟他们对着干，烦他们。在学校，与周围的同学、朋友交往也是一样。我该怎么办？"

深有感触

从小文同学的自述中，我们可以看出她的这些情绪特点，反映出了大多数中学生的情绪特征。上了中学，我们的情绪世界，早已不再是风平浪静的港湾，面对的是汹涌澎湃的大海，而我们则像是一叶小小扁舟，在波峰与波谷之间寻找新的平衡。生活学习中情绪的浪潮依然时起时落，烦躁和不安是其情绪的主旋律。波动不定的情绪又会对我们的学习和生活产生直接的影响：当你春风满面、意气风发时，学习就积极、效果就好，反之则差；外表乐观活泼，内心却很烦别人的打扰；希望别人理解、接纳，但行为上表现出漫不经心的样子；有的时候发现别人不了解自己，渴望被别人了解，但是又封闭着自己；难以控制脾气，时好时坏，不知所措……所有的这些，都是情绪不稳定的表现，你们有这样的体会吗？

背后玄机

随着身体的发育、认知的发展、活动范围的扩大、人际交往的增多，我们的情绪进一步发展起来。了解我们情绪发展的一般特征和规律，可以帮助我们正确把握和认识自己的情绪，矫正自身的不良情绪。

(1)情绪活动的丰富性

随着我们自我意识的不断发展，不断产生各种新的需要，而且需要的强度也在不断增加。由于新的需要不断涌现，所以我们在态度体验上形成了如自尊、自信、自私、自负等多种情绪体验。

(2)情绪体验的跌宕性

这时期的我们情绪激荡，容易动感情，也容易激怒，喜欢感情用事，遇事好激动，对自己认为不良的现象动辄深恶痛绝；对外部刺激反应迅速、敏感，高兴时欢呼雀跃，甚至唯我独尊，失败时则极端苦闷，悲观失望；有时为一点小事，或是动怒怄气，与人争吵，或是转向反面，变得泄气、绝望。在强烈的感情冲击下，我们可能会遇事武断，行为固执，不听劝告，我行我素。

(3)情绪活动的心境化

这时期我们的情绪状态会受到心境的影响。在愉快的心境下，心情舒畅，对周围的人和事都会感到满意，干什么事都有劲，甚至对平时不感兴趣的活动也津津乐道；相反，若心境不佳，则对什么事情都不感兴趣。

为我所用

情绪，不论它具有什么样的特点，始终都存在于我们的生活学习中，影响着我们的学习和活动的效率。情绪既可以起到积极的作用，也可以起到消极的作用，关键在于如何加以调节和利用。积极情绪让人精神焕发、欢悦愉快，感到生活中充满阳光，未来充满希望；消极的情绪让人垂头丧气，萎靡不振，给生活蒙上一层灰暗的色彩，什么事都提不起精神。如果我们能把情绪调节、利用得好，就可以成为一笔精神财富，一种经常存在的心理动力；如果调节、利用得不好，就可能成为一匹脱缰的野马。因此，我们要调节好自己的情绪，努力培养积极的情绪，使消极的情绪向积极的方面转化，做自己情绪的主人。

出奇制胜——做紧张情绪的主人

消除紧张情绪，可采用如下方法：

(1)可将自己所遇到的事情、产生的感受，讲给同伴、同学听，这样既可以把心中的烦恼、郁闷发泄出来，又可以从朋友那里获得安慰。

(2)改变生活的步调。当你受某些事件的困扰时，可做些别的事或暂时离开，不要钻牛角尖，在心平气和的情况下再观察、思考、解决，或许能豁然开朗。

(3)按部就班。做事不要急于求成，奢望过大，如果有计划、按步骤、量力而行，就比较容易收到好的效果，心理上也会轻松愉快；盲目急躁，好大喜功，急于求成，就会加重心理负担。

(4)行为宣泄。采用适当的方式进行行为发泄，可以使心理恢复平静，如遇上伤心事时痛哭一番，激怒时对着沙袋或墙壁痛击一阵。

(5)情绪转移。参加各种社会活动、体育活动、娱乐活动。这些活动的趣味性较强，可以调节情绪，开阔心胸，使紧张心理得到松弛。

(6)助人与请求别人帮助。帮助他人能使自己感到快乐，建立自信，形成良好的人际关系。当一个人陷入焦虑的情绪之中不能自拔时，请求他人帮助，不仅可以在心理上得到安慰，还可以集中智谋，找到解决难题的答案。

“生气水”能杀死老鼠

“生气水”能杀死老鼠

美国物理学家爱尔马不久前做过实验，他收集了人们在不同情况下的“气水”，即把有悲痛、悔恨、生气和心平气和时呼出的“气水”做对比实验。结果证实，生气对人体危害极大。他把心平气和时呼出的“气水”放入有关化验水中沉淀后，则无杂无色，清澈透明；悲痛时呼出的“气水”沉淀后呈白色；悔恨时呼出的“气水”沉淀后则为蛋白色，而生气时呼出的“生气水”沉淀后为紫色。把“生气水”注射在大白鼠身上，几十分钟后，大白鼠死了。由此，爱尔马分析：人生气 10 分钟会耗费大量人体精力，其程度不亚于参加一次 3000 米赛跑，而且产生毒素。

深有感触

上面的实验告诉我们：恐惧、焦虑、抑郁、嫉妒、敌意、气愤等负面情绪，是一种破坏性的情感，长期被这些负面情绪影响就会导致身心疾病的发生。我们在生活中难免会遇到不顺心的事，如不能宽容待之，一时情绪激动，甚至暴跳如雷，大发脾气，会严重危害自身健康。古代阿拉伯学者阿维森纳，曾把一胎所生的两只羊羔置于不同的外界环境中生活：一只小羊羔随羊群在水草地快乐地生活；而在另一只羊羔旁拴了一只狼，它总是看到自己面前那只野兽的威胁，在极度惊恐的状态下，根本吃不下东西，不久就因恐慌而死去。情绪变化带来的生理上的变化，会影响到人的健康状况。生活中，这种例子比比皆是。称心如意时，胃口大开，不如意时，胃口就不佳。紧张、恐惧、忧虑、愤怒等情绪可以引起高血压。

背后玄机

不良情绪是指一个人对客观刺激进行反应之后所产生的过度体验。焦虑、紧张、愤怒、沮丧、悲伤、痛苦、难过、不快、忧郁等情绪均属于不良情绪。不良情绪主要包括两种情绪体验形式：一种是持久性的消极情绪体验，它是指在引起悲、忧、恐、惊、怒、躁等消极情绪的因素消失之后，人数日、数周、甚至数月仍沉浸在消极状态中，不能自拔，例如红楼梦中的林黛玉，她就是长期的多愁善感、抑郁，导致身体一直体弱多病；另一种是过度性的情绪体验，它是指心理体验过分强烈，超出了一定限度，如范进中举高兴地发疯，最后过度兴奋而死等。持久性的消极情绪体验和过度性的情绪体验对我们的身体都有严重的危害。种种不良情绪给我们带来很多危害，因此，我们要注意控制和调节情绪，只有努力保持情绪上的健康，才能更好地维护身体的健康。

为我所用

“喜怒不形于色”说的是强行压抑自己的情绪，会给人们的生理健康带来很大的危害。因此，不良情绪如果已经产生，就应当通过适当的途径排遣和发泄，千万不要闷在心里。

(1)听听音乐

音乐能直接影响人的情绪和行为，节奏鲜明的音乐能振奋人的精神，使人激动、兴奋，而旋律优美的乐曲，则能使人情绪安静、轻松愉快。遇到忧愁、惊恐、烦恼时听听轻音乐，可使你的忧愁、惊恐、烦恼烟消云散。

(2)异地发泄

当你盛怒时，不妨赶快跑到其他地方，干一些体力活，或者干脆到操场跑一圈，这样就能把因盛怒激发出来的能量释放出来，气恼心情随之平静下来，怒气也会消失掉大半。

(3)转移情绪

在不良情绪袭来之时，尽量做一些转换心情的事情，可以外出游玩，可以“学而忘忧”。

(4)理智消解

很多忧愁、惊恐、愤怒等不良情绪产生于对事物的错误认识。对于这

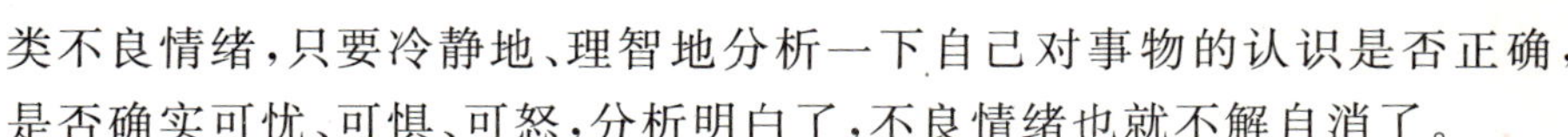

类不良情绪，只要冷静地、理智地分析一下自己对事物的认识是否正确，是否确实可忧、可惧、可怒，分析明白了，不良情绪也就不解自消了。

(5)语言暗示法

遇到精神刺激，要尽量控制自己的情绪。当怒火上升、欲发雷霆时，可用语言暗示自己："生气是自我惩罚，烦恼是和自己过不去，发怒是无能的表现。"以此来调整和放松心理上的紧张状态，使不良情绪得到缓解。

(6)补偿法

遭到困难或挫折时，自然地会产生不安或沮丧的消极情绪。此时应正视既成的事实，采取积极的措施来补偿自己。如果发现原定目标无法实现时，可重新选择达到目标的手段，再作尝试；或原计划受阻，暂时放弃，用另一方面的成功加以补偿。假如考试成绩失败了，心情沮丧，可以想一想前不久参加体育比赛获奖的事情来补偿现阶段的不良情绪。

(7)色彩效应法

灰、白和黑色能起镇定作用，有助于缓和焦虑和紧张；为避免烦躁和愤怒要少看红色；不要穿冷色调的衣服或在身边布置冷色调的环境，可避免出现郁郁寡欢，而温暖、明亮、活跃的暖色调则可提高情绪。

匪夷所思——不良情绪引发疾病

不良情绪	容易引发的疾病
愤怒	易患高血压、偏头痛、溃疡病、冠心病、胃痛、腹痛
冷漠	易患关节炎、湿疹
压抑	易患抑郁症、癌症
紧张	加剧哮喘、糖尿病、头痛、阑尾炎、皮肤病
焦虑	加剧哮喘、糖尿病、阑尾炎、皮肤病
悲伤	易患结肠炎、溃疡病

第九章　千人千脾气

全郡最聪明的男孩

七彩的性格，你是哪一色？

落难的王子

性格决定命运

全郡最聪明的男孩

全郡最聪明的男孩

著名作家卡耐基小时候是一个公认的坏男孩。在他9岁的时候，父亲把继母娶进家门。父亲一边向继母介绍卡耐基，一边说："亲爱的，希望你注意这个全郡最坏的男孩，他已经让我无可奈何。说不定明天早晨以前，他就会拿石头扔向你，或者做出你完全想不到的坏事。"

出乎卡耐基意料的是，继母微笑着走到他面前，托起他的头认真地看着他。接着她回头对丈夫说："你错了，他不是全郡最坏的男孩，而是全郡最聪明最有创造力的男孩。只不过，他还没有找到发泄热情的地方。"

继母的这句话说得卡耐基心里热乎乎的，眼泪几乎滚落下来。就是凭着这一句话，他和继母开始建立友谊。在继母到来之前，没有一个人称赞过他聪明，他的父亲和邻居认定：他就是坏男孩。但是，继母就只说了一句话，便改变了他一生的命运。

卡耐基14岁时，继母给他买了一部二手打字机，并且对他说，相信你会成为一名作家。来自继母的这股力量，激发了卡耐基的想象力，激发了他的创造力，帮助他和无穷的智慧发生联系，使他成为美国的富豪和著名作家，成为20世纪最有影响的人物之一。

深有感触

卡耐基的故事告诉我们，我们的性格受到外在事物或者环境的影响，卡耐基就是受到继母的影响，性格才改变的。生活中我们所处的环境处处影响着我们的性格。小时候爸爸带我们去钓鱼，让我们学会了沉着、果断。妈妈勤俭持家，经常捐款，让我学会了奉献。独生子女的性格与有兄弟姐妹的同学的性格也有很大的差异。我们的性格一生都在调整和改变中，时间改变着性格。例如，本来遇事易暴跳如雷，脾气急躁的年轻人，随着年龄的增长，渐渐变得遇事冷静了，脾气温和多了；小的时候特别愿意出去冒险，随着我们长大，越来越愿意宅在家里；曾经少言寡语的小学同学，后来却变得侃侃而谈；曾经胆小害羞的人，后来却变得落落大方。这就是环境的作用，每一个人所处的环境不同，我们的思维、情感、意志及行为等都受到不同程度的影响，尤其是人生经历的重大事件，也可能会对一个人的性格产生翻天覆地的影响。

背后玄机

性格的形成和发展离不开自身和环境的影响，这种影响来自于先天遗传、家庭、学校和社会文化等。

(1)先天遗传

一个人一生下来，不能说有性格，但已有了“脾气”。如刚出生时的婴儿，有的吃饱后较安静、不大哭闹，而有的婴儿则好动吵闹；有的对陌生的事物不太感兴趣、易疲倦，有的则对新鲜事物很好奇。但后天因素的影响更为重要，环境是性格发展形成的主要因素。环境因素主要包括家庭、学校、社会等。

(2)家庭

家庭对一个人的性格形成和发展具有重要和深远的影响。上述提到的卡耐基的故事就是在家庭的影响下改变了性格，成为了成功的人。父母是孩子的第一任教师，家庭是我们最初的环境。父母的性格特点也会通过亲子关系“潜移默化”地在孩子身上打下了烙印。宁静愉快的家庭中的孩子有安全感、愉快、生活乐观、信心十足、待人和善，能很好地完成学习任务。气氛紧张以及冲突型家庭中的孩子缺乏安全感、情绪不稳定、容易紧张和焦虑、长期忧心忡忡，担心家庭悲剧将要发生，害怕父母迁怒于自己而受严厉的惩罚，对人不信任，容易发生情绪与行为问题。单亲家庭的孩子由于得不到家庭温暖和正常的教育，容易形成悲观、孤僻等不良性格特征。

(3)学校

学生的性格形成主要在学习过程中发展起来。通过学习可以发展学生的坚持性、自制力、主动性和独立性等良好的性格特征。另外,集体生活有利于培养学生的合群、组织性、纪律性、自制、勇敢和顽强等优良的性格特征,也有利于扼制孤独、自私等不良的性格特征的形成。学生所在班级和学校的班风、校风,以及个人在集体中的地位,也影响着学生性格的发展。良好的班风、校风,能促进学生热爱集体、助人为乐、积极进取等性格特点的形成;而在秩序混乱的集体中,则易形成无视纪律、出言不逊、粗暴、冷漠的性格特征。

(4)社会文化

社会文化具有塑造性格的功能,例如上海人精明能干、北京人大气善侃、广州人务实拼搏、成都人悠闲细致、东北人豪爽耿直、重庆人吃苦耐劳……这些都是对生活在同一区域或者文化背景中的人表现出的相似性格的概括。

为我所用

良好的性格对于每个人的发展至关重要。如何培养良好的性格呢?(1)了解自己,相信自己。首先我们需要做到的就是了解自己,了解自己是什么样的人,具有什么优点和缺点。同时要学会自我肯定,可以经常对自己说"你很棒,你很优秀"之类的话来鼓励、表扬自己,这样我们做事情才会有信心,也就更容易实现心中所想。(2)悦纳他人,善于向他人学习。我们生活中处处有榜样,每个人都有自己的闪光点,我们在与他人相处的时候要学会找到别人的闪光点,向他人进行学习。要充分认识自己的优点和缺点,接受自己的缺点,并向他人学习。(3)在学习过程中培养良好的性格品质。培根说过:"人的天性犹如野生的花草,求知学习好比修剪移栽。""读史使人明智,读诗使人聪明,演算使人精密,哲理使人深刻。"总之,知识能塑造人的性格。所以,我们应当在日常生活中尽可能地博览群书、尽可能地多读好书,学会在学习中塑造自己的性格。(4)在业余爱好和生活实践中培养自己的性格。欣赏或创作绘画、雕塑等艺术作品,观看电影、电视、文艺演出,这些活动都可以激发人的美感;优美健康的音乐,可以使人心情愉快,精神振奋;积极参加各种健康有益的文体活动,培养自己高雅的生活情趣,陶冶塑造完美的性格品质。

匪夷所思——母亲的教养态度与孩子性格养成之间的关系

母亲的态度	孩子的性格
支配	消极、缺乏主动性、依赖、顺从
干涉	幼稚、胆小、神经质、被动
娇宠	任性、幼稚、神经质、被动
拒绝	反抗、冷漠、自高自大
不关心	攻击、情绪不稳定、依赖、服从
专制	反抗、情绪不稳定、依赖、服从
民主	合作、独立、温顺、社交

七彩的性格，你是哪一色？

七彩的性格，你是哪一色？

(1)赤——刚烈　优势：性格刚烈勇猛的人，乐观进取，正直率真，易博得他人的信任、拥戴。敢于向困难挑战，适合做开拓者。劣势：考虑问题不够周全，遇到困难不容易找到变通方式，容易犯刚愎自用的毛病。嫉妒心强，高傲自负，比较难以合作。

(2)橙——粗简　优势：快人快语，没有心机，爱憎分明。劣势：不善于控制自己的情绪，往往高兴时昏了头，生气时容易丧失理智。做事不周密，粗枝大叶。

(3)黄——理智　优势：能够理智地驾驭情感，办事谨慎小心地避让失败。劣势：由于防范心重，所以对事对人常有疑心。

(4)绿——圆柔　优势：心灵通透，思维敏捷，能伸能屈，豁达，内心喜怒不形于色，办事可随心所欲。劣势：由于很容易给人有心机的印象，所以难免他人处处提防。

(5)青——咄咄逼人　优势：正直、可靠，有强烈的探索精神，遇上困难会锲而不舍。劣势：遇事爱刨根问底，甚至得理不饶人。

(6)蓝——柔顺　优势：思维缜密，待人宽厚。劣势：办事缺乏雷厉风行的魄力，胆量不足，尤其在遇到困难时会优柔寡断或退缩放弃，并因此错去机会。

(7)紫——迟缓　优势：情绪平缓，容易安于现状。劣势：即使遇到伤心的事，也不会过于难过，对外界的刺激反应比较迟缓。

深有感触

这个世界的人形形色色，没有任何两个人的性格完全相同，可是我们都是怎么描述他人的呢？中文辞典里面描述人性格特点的词语有7000多个，我们需要用这7000多个词才能对一个人做出完整的描述。事实上，我们是不可能用 7000 个词来描述一个人的，那么该如何去描述呢？这时候就需要对性格进行分类，根据他们的相同点或者不同点来进行区分，以便我们能更好地描述这个人。比如我们常说的，你是内向还是外向。一般外向的人活泼、开朗、灵活；内向的表现为文静、爱思考、细致。他人交往中，我们往往可以用一、两个分类就可以概括出这个人大致的性格特点。

背后玄机

中国古代有个成语叫“千人千脾气”，指的就是每个人的性格都有所不同，正如每个人都有一张面孔一样，有多少种面孔就有多少种性格，不同性格就有不同特点的人，就如上面提到的不同色彩代表了不同性格的人。下面介绍另外两种不同的性格类型。

（1）内向型和外向型

外向型特点	内向型特点
老是注意外界所发生的事情，追求刺激，勇于冒险	倾向于事先计划，三思而后行，严格控制自己的感情，很少有攻击行为
无忧无虑，随和，乐观，爱开玩笑，易怒也易平喜，不加思考地行动	性情孤独，内省，生活有规律
有与别人谈话的需求，好为人师，容易冲动	对书的爱好甚于对人的交往，除亲密朋友外，对人总是冷漠，保持一定的距离
善于变化，有许多朋友	很重视道德标准，但有些悲观
善于交际，不喜欢独自学习	安静，不善交际

（2）活泼型、力量型、完美型、和平型

活泼型，开朗的性格，喜欢玩，话特别多，很爱笑。活泼型的人即使长大了，感觉也很像小孩子，可以很可爱，也可以很烦。最大优点：热情待人，热切表达自己的想法，容易吸引别人的注意。最大缺点：缺乏条理，粗心大意，出口伤人。例如《西游记》中的猪八戒就是典型的活泼型。

性格分类

力量型，这个性格跟它的名字也差不多，你如果认识一个性格非常暴躁的人，不用怀疑，他肯定是力量型。力量型的控制欲很强，喜欢当老大，性格比较刚烈。最大优点：需要迅速作出抉择的工作，必须尽快完成的事情，要求强烈的控制力和权威的领域。最大缺点：缺乏耐心，感觉迟钝。例如《西游记》中的孙悟空就是典型的力量型。

完美型，事事都要求完美，衣柜要整齐，床要铺好，房间不可以有一丁点乱的完美主义者。做事情有条理，一丝不苟。最大优点：留意细节，思考深刻，分析别人弄不清的问题。最大缺点：完美主义，过于苛刻。例如《西游记》中的唐僧就是典型的完美型。

和平型，顺从的性格，别人不管说什么通常都是"好"。和平型是个老好人，一个团队里说话最少的人肯定是和平型，最听别人话的那个肯定也是和平型。最大优点：调解和团结的角色，平静一场风暴的最佳人选。可以做别人认为沉闷的日常例行工作。最大缺点：过于敏感，缺乏主动。例如《西游记》中的沙僧就是典型的和平型。

为我所用

我们每个人要做到知己知彼，既要了解自己的性格，又要了解他人的性格，当出现矛盾或者不如意时，可能都不是故意的，而是由性格导致的，从而做到相互理解，多原谅别人，多找找自己身上的不足，多学习别人的长处，克服自己的不足。这样我们才能和谐相处，不断提高自己，完善自我，使自己更加完美。针对上述提到的四种性格，可以这么做：

(1)如果你是活泼型,那么:学会聆听,少说一半;关注他人的兴趣;记住别人的名字;关注自己的情绪,不让情绪影响自己的决定和判断;做好计划,并切实执行。

(2)如果你是完美型,那么:不要自找麻烦;关注积极面;不要花太多时间做计划;放宽对别人的要求。

(3)如果你是力量型,那么:学会放松,给自己安排娱乐活动;耐心、低调;减低对别人的压力;请别人协助,而不是生硬地支配别人;停止争论,学会道歉。

(4)如果你是和平型,那么:尝试新鲜事物(走,我们冒险去!);尽量获得热情;学会说出自己的感受;要有主见,学会拒绝;一定要养成有主见的习惯;开始行动。

如果你的朋友是以下性格,那么:

(1)如果你的朋友是活泼型,那么:你要表现出对他们有兴趣;对他们的观点和看法,甚至梦想表示支持;要经常赞同、关注他们;学会理解他们说话不会三思;容忍离经叛道、新奇的行为;与他们一起热情随和、潇洒大方一些;要懂得他们是善意的;细节琐事尽量不让他们过多参与。

(2)如果你的朋友是完美型,那么:做事尽量周到精细、准备充分;多赞美他、而且对他们要信任;要知道他们敏感而容易受到伤害;提出周到有条不紊的办法;列出任何计划的长、短处;整洁是非常必要的;多鼓励他。

(3)如果你的朋友是力量型,那么:一起行动;表示支持他们的意愿和目标;承认他们是天生的领导者;给他们足够多的独立空间和尊重;与他们沟通要开门见山、直切主题;给他们方向。

(4)如果你的朋友是和平型,那么:一起轻松;使自己成为一个热心真诚的人;要懂得他们需要直接的推动;多提醒他,带着他走;帮助他们订立目标并争取回报;主动表示对他们情绪的关注;不要急于获得信任;有异见时,从感情角度去谈;放慢你的节奏,与他们共同进步;积极地听,鼓励他们说;多关心对方的生活。

妙趣横生——了解自己的性格

下面是48道精心设计的测试题,请根据自己实际情况作出回答,符合的在该问题后面的括号内画“+”，难以回答的画“?”，不符合的话“—”。

1. 我与观点不同的人也能友好相处。(　　)
2. 我读书较慢，力求完全看懂。(　　)
3. 我做事较快，但较粗糙。(　　)
4. 我不敢在众人面前发表演说。(　　)
5. 我能够做好领导团体的工作。(　　)
6. 我常会猜疑别人。(　　)
7. 受到表扬后我会工作得更努力。(　　)
8. 我希望过平静、轻松的生活。(　　)
9. 我经常分析自己，研究自己。(　　)
10. 生气时，我总不加抑制地把怨气发泄出来。(　　)
11. 在人多的时候和其他场合我总力求不引起别人注意。(　　)
12. 我不喜欢记日记。(　　)
13. 我待人总是很小心。(　　)
14. 我是个不拘小节的人。(　　)
15. 我从不考虑自己几年以后的事(　　)
16. 我常会一个人想入非非。(　　)
17. 我喜欢经常变换工作。(　　)
18. 我常回忆自己过去的生活。(　　)
19. 我喜欢参加集体娱乐活动。(　　)
20. 我总是三思而后行。(　　)
21. 我肚里有话憋不住，总想对人说出来。(　　)
22. 我常有自卑感。(　　)
23. 我不大注意自己的服装是否整洁。(　　)
24. 我很关心别人对我有什么看法。(　　)
25. 我和别人在一起时，我的话总比别人多。(　　)
26. 我喜欢独自一个人在房内休息。(　　)
27. 我的情绪很容易波动。(　　)
28. 我的情绪不容易波动。(　　)
29. 对陌生人我从不轻易相信。(　　)
30. 我几乎从不主动制订学习或工作计划。(　　)
31. 我从不善于结交朋友。(　　)
32. 我的意见和观点常会发生变化。(　　)

33. 我很注意交通安全。(　　)
34. 看到房间里杂乱无章,我就静不下心来。(　　)
35. 旁边有说话声或广播声,我就无法安静下来学习。(　　)
36. 我讨厌在我工作时有人在我旁边观看。(　　)
37. 我始终以乐观的态度对待人生。(　　)
38. 我总是独立思考,回答问题。(　　)
39. 我不怕应对麻烦的事情。(　　)
40. 我的口头表达能力还不错。(　　)
41. 我是个沉默寡言的人。(　　)
42. 在一个新的环境里我很快就能熟悉了。(　　)
43. 要我同陌生人打交道,我常感到为难。(　　)
44. 我常会果敢地评估自己的能力。(　　)
45. 遭到失败后我总是忘却不了。(　　)
46. 我很注意同伴们的工作和学习成绩。(　　)
47. 比起读小说和看电影来,我更喜欢郊游和跳舞。(　　)
48. 买东西时我常常犹豫不决。(　　)

积分与评分:

题号与奇数的题目(1、3、5、7……),答案为"+",各记2分,答案为"?"各记1分,答案为"—"各记0分;

题号与偶数的题目(2、4、6、8……),答案为"+",各记0分,答案为"?"各记1分,答案为"—"各记2分。最后把各题分数相加,再查评分表,你就可以了解你的性格属于哪种类型了。

评分表:

1. 分数为0—19分所倾向的性格为内向型。
2. 分数为20—39分所倾向的性格为偏内向型。
3. 分数为40—59分所倾向的性格为中间型。
4. 分数为60—79分所倾向的性格为偏外向型。
5. 分数为80—100分所倾向的性格为外向型。

落难的王子

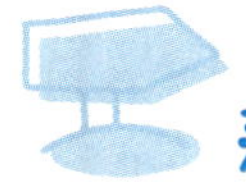

落难的王子

有一个王子，生性多愁善感，最听不得悲惨的故事。每当大臣们向他禀告天灾人祸的消息，他就流着泪叹息到："天哪，太可怕了！这事落到我头上，我可受不了！"

可是，厄运终于落到了他的头上，在一场突如其来的战争中他的父王被杀，母后自尽，他自己也被敌人掳去当了奴隶，受尽非人的折磨。当他终于逃出虎口时已经成了残废，从此流落异国他乡，靠行乞度日。

一个路人是在他行乞时遇到他的，见他相貌不凡，便向他打听身世。听他说罢，路人早已泪流满面，发出了他曾经有过的同样的叹息：

"天哪，太可怕了！这事落到我头上，我可受不了！"

谁知他正色道——

"先生，请别说这话。凡是人间的灾难，无论落到谁头上，谁都得受着，而且都受得了——只要他不死。至于死，那更是一件容易的事了。"

深有感触

生性多愁善感的王子，遭遇厄运后历尽苦难的磨炼，性格坚强起来了，所以能够顽强地面对厄运。每个人在成长的过程当中，都有软弱的时候，都会遇到种种困难，我们要迎接上去，去战胜它，去克服它。生在人间，当苦难不期而至时，不要逃跑，承受它！虽然遭遇厄运是坏事，但是它能使脆弱的人变得更加坚强，而且敢于挑战命运！

俗话说：江山易改，本性难移。性格是否是与生俱来、终生不变的呢？其实不然。性格并非是一成不变的，正如牛顿所言，尽管人们把性格看成是先天的，但它仍旧是自我修养的结果。生活中，有很多这样的例子，王伟是一个特别懒惰的人，平常做事情也也特别容易半途而废，王伟的妈妈想要改掉他的这些性格，暑假的时候就把他送进了一家军事管理性质的夏令营中。在那里，王伟必须自己叠被自己洗碗，平常还要参加苛刻严酷的军事训练。经过一个暑假的训练，王伟像变了一个人似的，他现在所有的事情都是自己主动做，特别积极，做事情也学会坚持了。

背后玄机

心理学家研究发现，不良的性格是导致人生失败的重要原因，性格既是天生的，又是可以通过后天环境加以雕琢的，因此性格本身也可以成长。正如好的脾气可以慢慢养成，习惯需要不懈的训练。可近、可亲、富有魅力的性格是自己慢慢培养起来的。比如，一个孩子很胆小，不愿与人交往，后来的工作环境是在军队里，这是个集体，需要他与人交往，需要参加许多集体活动，甚至残酷的斗争，这样的环境就会使他变得坚强、开朗、豁达。又如一个很开朗的人，很爱笑的人，到了一个严密封锁的环境中，不许他和别人相处，最后，他也可能变成一个沉默寡言的人。所以环境影响着人的心理活动，同样也影响着性格的形成。生活、环境、时间都是改变性格最好的雕塑师。

为我所用

每个人都应有一个良好的心态，对自己要不断反省，不断完善，应该为追求良好性格目标而努力。良好的性格有几个特点：一是应该有良好的道德品质，正确的人生观；二是在日常生活中热爱生活、热爱集体、热爱劳动，能够经常保持愉快的情绪、广阔的胸怀，不以自我为中心；三是富有同情心，能经常想到别人，不一时冲动感情用事；四是遇事能客观冷静地分析，正确理智地进行处理和判断，不固执己见，不主观；五是有坚强的意志和毅力，没有依赖性，勇于克服困难，善于解决矛盾。当然，这些是很完善的性格特征，我们应该把它作为我们一生中追求和完善的一个目标去努力，这样就能使自己的人格健康起来，还能使自己充满魅力，有助于将不利的情况变为有利。健康的人格是人生成功之路的垫脚石，可以说，如果你有一个健康的人格你就获得了一生事业成功的财富。

如果你是个胆小的、不善于交际的人，不妨从打招呼开始，见面点点头，问个好，日久天长人们也会觉得你变了，你和人说话了，这样受到鼓励以后，你就会增强了人际交往的信心和能力。不必把自己性格内向或外向作为一个包袱，因为每个人的性格和气质有所长也有所短，只要在实际生活中努力发挥自己的优点克服自己的短处，你就可能拥有成功的人生。

出奇制胜——成功性格训练法

如果你对自己的性格不满意，可以试试下面的方法：

第一，随意找到四个你的熟人，问他们对你的印象如何，确定你是否喜欢他们的回答，判断你为什么喜欢或不喜欢留给别人的那种印象。

第二、确定一下，如果你是一名演员的话，愿意扮演什么角色，以及你为什么喜欢这个角色。

第三、选择任何一个你所崇拜的人，列出他身上那些使你崇拜的特征和品质。

第四、把第二和第三综合为你自己所选择的性格。

第五、改变你的形象、行为、个性中你所不喜欢的东西，强化你所喜欢的东西。

第六、去表现你的新个性。要提醒你的是，不要指望很快便能发展成一种成功地改造自己的性格，还必须以自己的性格为基础。

性格决定命运

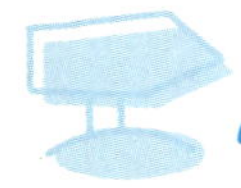

性格决定命运

从前有三个兄弟很想知道自己的今后的命运，于是他们去找智者，智者听了他们的来意之后，说：在遥远的天竺大国寺里，有一颗价值连城的夜明珠，如果叫你去取，你会怎么做呢？“

大哥说：“我生性淡泊，夜明珠在我手里不过是一颗普通的珠子，所以我不会前往。”

二弟挺着胸脯说：“不管有多大的艰难险阻，我一定会把夜明珠取回来。”

三弟则愁眉苦脸地说：“去天竺的路途遥远，险象环生，恐怕还没取得夜明珠，人就没命了。”

智者说：“你们的命运已经很明晓了。大哥生性淡泊，不求名利，将来自难有荣华富贵，但也正是由于自己淡泊，你会在无形之中得到很多人的帮助和照顾；二弟坚硬果断，意志刚强，不惧困难，预卜你的命运前途无量，也许会成大器；三弟性格懦弱，遇事犹豫不决，恐怕你命中注定难成大器。”

深有感触

看完上面这个故事我们不难发现一个道理，性格决定命运。播下一种行动，你将收获一种习惯；播下一种习惯，你将收获一种性格；播下一种性格，你将收获一种命运。大千世界中的芸芸众生，为什么有的人春风得意，有的人却黯然无光？为什么有的人财运亨通，有的人却一贫如洗？每个人的性格不同，正是导致每个人具有不同命运的原因之一。一个人的性格特征，决定了他的兴趣、气质、情绪和行为方式以及价值取向等诸多方面。每个人都有自己独特的性格，可以说性格是人与人存在差异的重要标志。

性格决定命运，命运影响终身。美国心理学家特尔曼做了这样一个调查：他和助手在25万儿童中挑选了1528个智力较高的孩子，测定这些孩子的智商和品质，一一记录在案。然后对这些孩子进行长期的观察和跟踪研究，看看是不是聪明的孩子长大后都有所成就。几十年以后，调查人员发现多数人在事业上都取得了不同程度的成功，这些人中有的成了企业家，有的成了学者、工程师，还有的当上了国会议员……但也有一些人一事无成，有的穷困潦倒，有的甚至成了罪犯，也有的成了流浪汉……

人们不禁纳闷，为什么同是聪明的孩子，几十年后竟有如此巨大的差别呢？据研究分析，失败者几乎都存在着某些不良的性格品质，有的意志薄弱，有的骄傲自满，有的缺乏积极进取的精神，有的孤僻而不善于处理人际关系。正是这些无形的杀手，极大地损害了他们，影响了他们的人生。由此可见，性格决定命运。如果消除那些性格中的缺陷，也就改变了自己背时的命运，同时也就可能改变他们的一生。因此，请相信性格的力量；相信性格是可以改变生活和命运的力量；相信你的性格影响着你的事业前程和生活质量；相信培养一个良好的性格将使你终生受益；相信命运掌握在自己的手中。

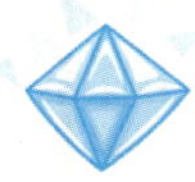

背后玄机

心理学家认为，性格也会有好坏之别，好的性格就能促成好的心态，就能使其事业有好的发展，更利于事业成功；好的性格可以给人们带来幸福和快乐的生活。反之则会一败涂地，终日寡言，失去生活的幸福和快乐。成功者之所以成功，除了拥有超人的智慧，更在于他们的性格优势。只要为性格选对了职业，你就能成功。性格会影响人的一生。只有培养优良的性格，才能成就自己，因为没有人能依靠孤芳自赏的性格获得成功。

(1)良好的性格对我们将来的工作至关重要

每一种职业都要求其从业者具备相应的性格特质，否则便很难将工作做得出类拔萃。古人云：古今之成大事业者，非唯有超世之才，亦必有坚韧不拔之志。木匠出身的齐白石，三十多岁时，已成为民间画匠能以绘画为业了。他爱好刻印，一次他看到著名篆刻家黎微刻印，就向他学习，他问黎微的弟弟铁安说："我总刻不好，怎么办呢？"铁安对他戏说："你呀，把南泉冲的楚石，挑一担回去，随刻随磨，刻它三四大盒，都化成石浆，印就能刻得好了。"齐白石一听，就发愤努力，常常弄得东面屋里浆满地，又

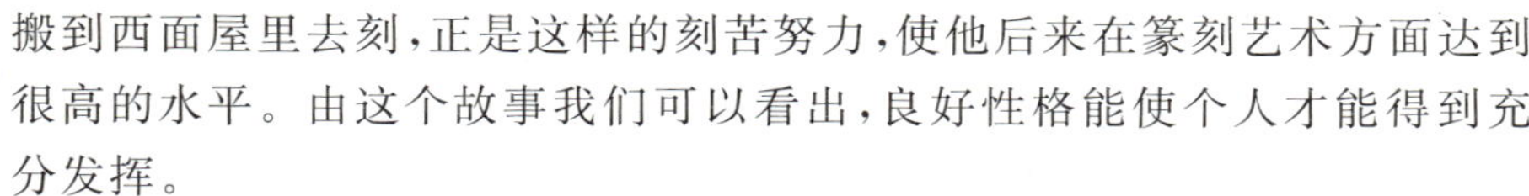

搬到西面屋里去刻，正是这样的刻苦努力，使他后来在篆刻艺术方面达到很高的水平。由这个故事我们可以看出，良好性格能使个人才能得到充分发挥。

(2)良好的性格助你赢得好人缘

人际交往中，性格好的人比较容易受到其他人的欢迎，获得他人的喜爱。很有名的行政总裁巴菲特是一个不善言辞的人，但这并不代表他的性格不好，相反，曾经和巴菲特一起工作过或者和他打过交道的人都很喜欢他，他们说巴菲特永远都是那么乐观向上、乐于助人，从来不会随便向身边的人发脾气。俗话说："一个篱笆三个桩，一个好汉三个帮。"良好的人际关系是我们获得成功的一个保障，一个人的力量是渺小的，但是如果一个人能够获得很多人的帮助和支持，那么他就很容易获得成功。良好的性格是一座桥梁，可以缩短人与人之间的距离，是引领我们走向成功的彼岸。

(3)良好性格促进身心健康

良好的性格对人的身体健康有重要的作用，不良的性格会给身体健康带来负面的影响。癌症不经治疗而自行消失大都是性格开朗、无忧无虑的人；高血压、冠心病会因患者性格急躁、容易激动而加剧，也能因心境平和、情绪稳定而好转；胃溃疡病会由于患者性格忧郁、焦虑而使疼痛加剧甚至恶变。而性格乐观开放的人即使得了胃溃疡，溃疡面愈合得也较快。性格脆弱者会因一次精神上的打击而发生精神病；而性格坚强、凡事处之泰然者则不易发病。

总之，良好的性格对一个人的成长和成才，起着极为重要的作用。相反，不良的性格对一个人的成长和成才有着严重的不良影响。所以，我们要努力塑造自己的良好的性格。

为我所用

一个人有怎样的气度，往往可以决定他成功的可能性及其成功的大小，一个人胸怀宽广更容易取得大的成就，他们会把主要的精力放在做大事情上，而不在一些小事情上浪费精力，所以他们往往取得较突出的成就。相反一个人做事总爱斤斤计较，把大量的时间和精力放在想怎样去占别人的便宜，怎样才能爬到别人的头上等等。他们往往较难取得成功，要是成功也会是微小的成功。让我们不要太在意别人的眼睛，让我们不断地发现自己的缺点，让我们不断地学习，不断地煅炼和有意识地去培养自己，使自己成为能放得开的人，能成功的人。在以后的学习和活动中，通过自我培养，陶冶自己的性情，就会逐步改变原有的一些性格特征，让富有魅力性格的我们，在人生的征途上去大放异彩吧！

妙不可言

谁若游戏人生，他就一事无成；谁不主宰自己，永远是一个奴隶。——歌德

青春啊，永远是美好的，可是真正的青春，只属于这些永远力争上游的人，永远忘我劳动的人，永远谦虚的人！——雷锋

第十章　找呀，找呀，找朋友

魔镜，魔镜告诉我

小白兔为什么没有朋友？

曝光效应

三只老鼠偷油吃

大家一起向东跑？

魔镜，魔镜告诉我

魔镜，魔镜告诉我

小红进入中学以后，变得爱照镜子了。以前去上学，吃完早饭背上书包就出门了，如今却经常照镜子，有的时候都要妈妈喊好几遍才会依依不舍地离开镜子去上学。她在衣袋中放了一面小镜子，总会时不时地拿出镜子照照，有时候微笑着捋捋头发，有时候神色凝重地摸摸脸上的青春痘，她时不时在对着镜子发问："魔镜魔镜告诉我，谁是这个世界上最漂亮的女孩？"其实，不止小红一个人变得爱照镜子了，班上的女生都有自己的小镜子。大家为什么变得这么关注自己的外貌呢？

深有感触

其实，爱照镜子是刚刚进入青春期的我们身上普遍存在的现象。处于这个时期的我们，由于生理发育趋于成熟，心理也发生了急剧变化。此刻，我们开始把注意力指向自己，并且首先指向自己的身体。在我们看来，外貌是构成一个人最重要的成分，所以我们常常以貌取人，平时在交往中，只要觉得对方漂亮，就很容易产生好感；观看影视节目的时候，也会特别关注演员的长相。平时，我们会很注意别人对自己外貌的评价，尤其是女生特别喜欢听别人夸自己长得好看，并为此感到骄傲与自豪。如果长相不美或身体局部有某种缺陷，就会因此而苦恼、焦虑、自卑，甚至产生悲观情绪。

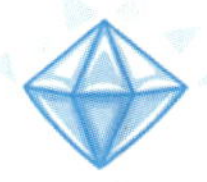

背后玄机

我们知道，人的一生要经历童年、青年、中年、老年四大阶段。一般来说，十一二岁到二十五岁为青年期。青年期又分为初期、中期和晚期。其中，初中阶段属于青年初期，又称为青春期。青春期是自我意识发展的第二个飞跃期。自我意识是对自己身心活动的觉察，即自己对自己的认识，具体包括认识自己的生理状况(如身高、体重、体态等)、心理特征(如兴趣、能力、气质、性格等)以及自己与他人的关系(如自己与周围人们相处的关系、自己在集体中的位置与作用等)。

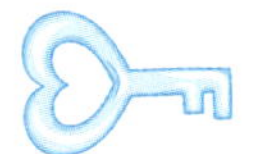

为我所用

(1)如何正确地认识自己

自我认识是从多方面建立的,既有自己对自己的认识与评价,也有他人对自己的评价。我们不妨自己认真仔细地想一想,用尽量多的形容词描述自己,如我很善良,我很优秀等。在此基础上,进行第二步,描述一下父母眼中的我、同学眼中的我、老师眼中的我、兄弟姐妹眼中的我,在这里面寻找共同的品质,将其归类。你描述得越多,你越会找到比较正确的自我。

(2)如何客观地自我评价

首先要接纳自己,喜欢自己,欣赏自己,体会自己的独特性,关注你自己的成功,并将优势积累,寻找你自己的闪光点并将其构成亮丽的人生风景线,在此基础上你会获得幸福、愉快与满足;其次是理智与客观地对待自己的长处与不足,冷静地看待得与失。总之,要合理正确地看待自己,就要在以后的学习过程中逐渐地认识自己,慢慢认清自己的优点和缺点。

(3)关注自我成长

自我的发展需要不断地自我反思、自我监控,整理自己成长的轨迹显得尤为重要。因为自我关注有助于及时发现自己的不足,这时,我们要及时纠正自己的不足。成长的过程就是不断自我关注和自我纠正的过程,同学们可以逐渐学会开始关注自己的成长,这样会在以后成长的道路上留下终身受益的"关注烙印",每留下一个这样的烙印,就会离我们的梦想更进一步,相信每个同学都有自己内心美好的愿望,让我们向着梦想出发吧,从现在做起,从每时每刻做起。

匪夷所思——我们的两个逆反期

第一逆反期一般发生在3—5岁孩子的身上。这个阶段的孩子在生活自理能力、语言表达能力、思维判断能力上都有了很大的发展,活动的

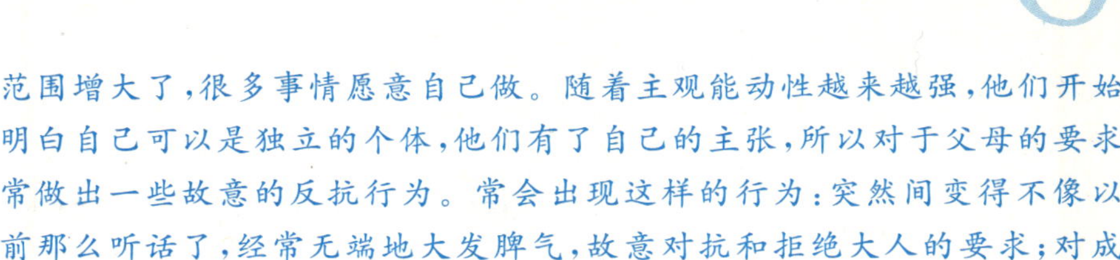

范围增大了，很多事情愿意自己做。随着主观能动性越来越强，他们开始明白自己可以是独立的个体，他们有了自己的主张，所以对于父母的要求常做出一些故意的反抗行为。常会出现这样的行为：突然间变得不像以前那么听话了，经常无端地大发脾气，故意对抗和拒绝大人的要求；对成人的要求充耳不闻，我行我素；有时自己犯错或行为不当，却责怪他人。

第二逆反期一般发生十三四岁到十七八岁，这个时期他们开始变得特别爱面子，如果家长再像以前那样大呼小叫，肯定会惹他们不高兴，甚至经常与家长对着干，他们情绪不稳定，有的时候甚至会为了小事痛苦，在学校也不再对老师崇拜和尊敬，却换之以评头论足，甚至针锋相对。

小白兔为什么没有朋友？

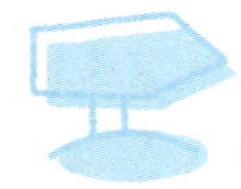

小白兔为什么没有朋友？

小白兔最近非常苦恼，因为动物班就她一个没有好朋友。小白兔一个人觉得自己很孤单，她独自一个人趴在书桌上睡着了。梦里小白兔遇见了智慧老人，她把这些苦恼向智慧爷爷诉说了一遍，并且问智慧爷爷怎样才能交到好朋友，智慧爷爷让小白兔在往事中找答案，于是小白兔的思绪又飘了起来……

那是一个星期一的早晨，快要迟到了，小白兔施展飞毛腿的功力向学校冲刺，在半路上她遇见了小乌龟，小乌龟对小白兔说："兔姐姐，我今天起床晚了，现在快要迟到了，你捎我到学校去可以吗？"小白兔非常不耐烦地想："小乌龟一身黑灰的壳多难看啊，跟我这一身洁白的套装简直是天壤之别，跟他一起去上学，多丢人啊！我才不帮他呢，让他自己爬着去吧。"小白兔想完后将小乌龟一顿奚落后扬长而去……

在学校食堂吃饭，小白兔总是独自占尽了胡萝卜，不许其他的同学碰。听说有一次老鼠偷吃了一根胡萝卜，小白兔就把老鼠的鼻子给打歪了。从那以后，小老鼠便再也不理小白兔了。

小白兔还喜欢嘲笑别人的缺点。她嘲笑乌鸦跟黑碳似的；她说小花猪傻乎乎的；她讥讽癞蛤蟆头小肚大是个丑八怪；她说小花猫说话奶声奶气；她说……所以，小白兔的三瓣嘴越来越薄。同时，同学们都不愿与小白兔在一起玩了……

同学们，想一想为什么小白兔没有朋友？她应该怎么做才能交到朋友呢？

深有感触

人际交往，也称人际沟通，指个体通过一定的语言、文字或肢体动作、表情等表达手段将某种信息传递给其他个体的过程。说到人际交往，我们首先想到的就是交朋友，但实际上人际交往是一个很大很宽的概念。

从主体来说，人际交往可以是个人与个人交往，可以是个人与集体交往（如某个同学与整个班集体），也可以是集体与集体（如公司与公司之间的合作），甚至可以是国家与国家之间的交往（如中国与非洲等国家建立外交关系）。从我们交往的内容来说，我们可以去商场买东西（商品交换）、同学与同学之间的交流学习（思想交流）、爸爸妈妈通过上班挣取工资（劳动服务）、平时我们大家一起去野炊（娱乐交往）等等。从主体关系来说，我们不是一个单独的我，我们是老师眼中的学生（师生关系）、我们是爸爸妈妈眼中的乖宝宝（父母子关系）、我们是姐姐哥哥亲爱的弟弟妹妹（兄弟姐妹关系）、我们是同桌的好朋友（同桌关系）等等。

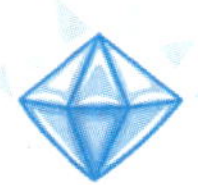

背后玄机

人际交往中会出现很多有意思的现象。(1)我们第一次见到一个人的时候，往往会对他有个第一印象，这个最初的印象会一直伴随着你，至于后面的信息就显得不是那么重要了，比如你看到一个打扮很邋遢的人，你就会觉得这个人不爱卫生，你不喜欢他，以后你甚至会很少与他交往，但有可能他是刚打扫完卫生，看起来不整洁，实际上他是一个很爱干净的人。我们会因为第一印象对他人产生偏见，因此在以后的交往中我们要学会纠正对他人第一印象的不全面的认识。(2)在交往的过程中，我们总是假设他人和自己有相同的想法，从而形成对他人的印象。但实际上每个人都有自己的特点，有和自己不同的方面。我们对他人的猜测，无形中透露出了自己的内心。所以，我们应该学会沟通，学会正确看待他人与自己不同的意见。(3)在人际交往中，我们有时会把对某一类人物的整体看法强加到该类的每一个个体上而忽视了个体特征。比如，农村来的同学认为城市来的同学见识广，而城市来的同学认为农村来的同学见识狭隘。因此，交往中，我们要充分认识到每个人都是与众不同的，要学会去了解、相处，不要带着“有色眼镜”看人。

为我所用

人际交往的能力不是与生俱来，而是后天习得的。因此，我们在交朋友的时候，除了要留意自己不受欢迎的行为（如自私）外，还要注意以下几个方面：

（1）学会倾听

作为朋友，你要学会倾听。当你的朋友遇到挫折、碰上烦恼，他便需要一个发泄情感的对象，而你作为朋友，能够真诚、耐心地倾听对方的诉说，就是为朋友打开了一个情感的发泄口。朋友在向你诉说的过程中，你不仅要耐心地倾听，还要时不时地插上一两句富有情感的安慰话（如你现在还好吧，不要难过了等），或者为朋友出出点子、想想法子，这时他会觉得你这样的朋友真可靠。

（2）交往要适度

有个成语叫“物极必反”。生活中，任何事情过头，就会带来不好的影响，朋友之间的交往也是如此。交往过于密切，反容易出现裂痕；而把握适中的度，才能使朋友间的友谊成为永恒。这是因为，我们每个人都是独立的个体，在性格、处世态度、能力差异，甚至家庭情况等方面都会存在差异。如果我们交往过于紧密，那么彼此之间就越熟悉，反而没有新奇了。距离产生美，说的就是朋友间的交往，无论是相处的时间次数、距离等，都要保持一定的度，这样才能达到“意犹未尽、情犹未了”的意境，才会因朋友的到来而欣喜，因朋友的离去而思念。

（3）不要将朋友理想化

世界上没有两片相同的叶子。尽管朋友跟你气质相仿、兴趣相近、性格相投，但朋友总会有些不同之处。所以，不要将朋友过于理想化，不要把朋友的一切言行都以“我”做为参照物。首先，要学会容忍朋友的缺点，当你一旦发现朋友的缺点，要抱着“宰相肚里能撑船”的宽宏气度，容忍朋友的缺点，并选择合适的时机和方法善意地帮助他克服缺点。其次，要尊重朋友的隐私。不要让朋友事事都该向你报告，似乎朋友有事不跟你通气，就是对你不忠，就不够朋友。

（4）朋友之间也要说“不”

朋友之间常常有事相托相求，这是正常的。但不能为了面子随便答应朋友你做不到的事情。如果有的朋友托你办的事超出了你的承受能力，那么你要学会说不，如果你不说明自己的情况，反而硬着头皮答应了，到时候事情没有办成，朋友反而会去责怪、埋怨你，最后导致两人之间的伤痕。

(5)学会赞美

赞美是对我们所有行为的一种激励和鼓励。它能够激发潜能，增强自信，成为人们继续努力的人生加油站和精神财富。真诚的赞美具有神奇的力量，它“能使衰弱的躯体变得强壮，能给恐怖的内心以平静，能让受伤的神经得到抚慰，能给身处逆境的人以求成之决心”。赞美的前提是发现别人的长处和闪光点，肯定别人的优点，而不是嫉妒。真诚和适时适度的赞美是人际关系的润滑剂，可以创造和睦温馨的氛围，得到积极友好的回报。

(6)学会沟通

在交流过程中坦诚开放的沟通，表露诚恳之意。在沟通过程中，我们要学会倾听他人对自己的意见，如果自己做错了，要真诚地道歉，求得同学的谅解。在沟通交流中，我们要相互进步，相互鼓励。实际，沟通就是一个分享的过程，我们要学会将自己的想法、情绪与他人分享，这样才能更好地了解彼此，建立和谐的人际关系。

妙不可言——关于朋友的称谓

挚友：交情深厚的朋友；

损友：不为自己着想(负责)的朋友；

笔友：用信件交谈的朋友；

忘年交：打破年龄、辈份的差异而结为朋友；

君子交：指道义之交，即在道义上相互支持的朋友；

患难之交：同经磨难而成为朋友；

故交：亦称故旧、旧交、故人，泛指有旧的交情；

一面之交：仅仅相识，但不甚了解；

金兰之交：指情意相投的朋友，后也指结拜兄弟；

竹马之交：少年时骑竹马为戏的朋友，指自幼相交的朋友；

再世之交：与人父子两代都结成朋友。

曝光效应

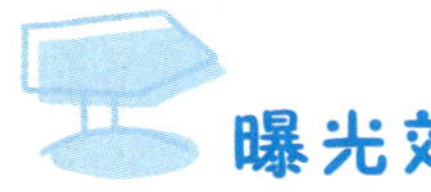

曝光效应

想象一下，你在操场散步，这时你看到一个陌生人向你走来，你看了这个人一眼；你散完步准备回教室，在走廊上你又看到前面见到的同学，你多看了他一眼；放学回家的路上你又再一次见到了他，这时你对这个人的印象如何呢，是不是觉得你们俩很熟悉，像朋友一样？

有心理学家做了一个很有意思的实验，他将12张陌生人的照片分为6组，每组2张，按以下方式出示给志愿者看：第一组照片只让同学看一次，第二组照片看两次，第三组照片看五次，第四组照片看十次，第五组照片看二十五次。当志愿者看完全部10张照片以后，他把剩下的另外两张陌生照片编为第六组，与前五组照片混合给参与者看，并要求他们按照对这些陌生人喜欢的程度将照片排出顺序。结果发现，照片被看得次数越多，排在最前面的机会也越多。对于越熟悉的事物，我们越可能产生喜欢的感觉，对人也是如此，这就是曝光效应。

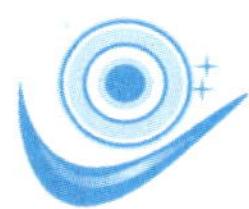

深有感触

人际吸引又称人际魅力，是指个人间在感情方面相互喜欢和亲和的现象，即一个人对其他人所抱的积极态度。在人际交往中，人们不仅相互感觉、相互认识，而且也会形成一定的情感联系。这种情感联系集中表现在人际吸引上。人际吸引是从第一印象（如相貌、学识、人品等）开始的，随着交往的深化和了解，进一步发现了一个人的内心美，吸引力就会越来越大。有人说“衣服越新越好，朋友越老越好”，因为老朋友，相互了解，所以吸引力就牢固。要维系人与人之间的长久吸引，主要是要有内在美，即人格魅力。它包括一个人的性格、才智、人品、修养等等。如果一个人有一张美丽的面孔，再加上善良和智慧，那么他（她）将永具魅力。反之，如果一个人有一张美丽的面孔，加上一颗狠毒的心，最后连她（他）的面孔也将令人厌恶。

背后玄机

人际间的相互吸引可能由于彼此间有许多共同的地方，如生活目标、兴趣等，也有可能是彼此间的不同或者互补。总之，人际吸引受到很多因素的影响。

(1)熟悉与邻近

熟悉能增加吸引的程度，就像曝光效应提到的那样，人们倾向于喜欢距离较近的，见面机会较多的，容易熟悉的，这样产生的吸引力比较牢靠。但不是交往频率越高，彼此间就越喜欢，这是有一定的差异性的，只有当交往频率中等时，彼此喜欢程度才较高。

(2)相似性

物以类聚，人以群分，这句话告诉我们人们往往喜欢那些和自己相似的人。相似性主要包括：性格相似；兴趣、爱好等方面的相似；家庭环境的相似；年龄、经验的相似。相似性的出现也就是为什么我们常能看到两个人合作能发挥出非常大的潜能。

(3)互补性

当双方在某些方面看起来互补时，彼此的喜欢也会增加。互补可视为相似性的特殊形式。以下三种互补关系会增加吸引和喜欢：需求的互补(如郎才女貌，男刚女柔)；兴趣、职业的互补；人格某些特征的互补，如内向与外向。

(4)外貌

在日常生活中不难发现，谁都喜欢漂亮的人，因为爱美之心，人皆有之。有人说美貌是一张特殊通行证，美是一种诱惑、一种吸引。交往的初期，好的外貌容易给人一种良好的第一印象，人们往往会以貌取人。

(5)性格

性格是影响吸引力最稳定的因素，也是个体吸引力最重要的因素之一。有心理学家发现最受人们喜欢的六种性格是：真诚、诚实、理解、忠诚、真实、可信；最不受人们喜欢的几种品质如说谎、虚伪、不老实等。

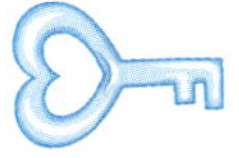

为我所用

在人际交往方面，要想提升自己的人际吸引能力，需要注意以下几个细节：

(1)努力建立良好的第一印象，如礼貌待人、彬彬有礼；记住别人的姓名，主动与人打招呼，称呼要得当，给人以平易近人的印象。

(2)提高个人的外在素质，如出门穿戴整洁，不要邋里邋遢。

(3)培养良好的个性特征，对人真诚、举止大方、坦然自若，使别人感到轻松、自在，激发交往动机；培养开朗、活泼的个性，让对方觉得和你在一起是愉快的。

(4)加强交往，密切关系，聊天时要注意语言的魅力，安慰受创伤的人，鼓励失败的人。向真正取得成功的人学习，帮助有困难的人。

妙笔点睛——光环效应

狄恩设计了一个实验：让被试者看一些照片，照片上的人，有的很漂亮，有的一般，有的很丑；然后，让被试者用与漂亮无关的词语评价这些人。结果发现，漂亮的人在其他各方面得到的评分都很高，很丑的人的各项评分都很低。这种以貌取人的看法，便是光环效应。也就是说当你对某个人有好感后，就会很难感觉到他的缺点存在，就像有一种光环在围绕着他。光环效应有一定的负面影响，在这种心理作用下，你很难分辨出好与坏、真与伪，容易被人利用。

三只老鼠偷油吃

三只老鼠偷油吃

有三只老鼠结伴去偷油喝，可是油缸非常深，油在缸底，它们只能闻到油的香味，根本喝不到油，它们很焦急，最后终于想出了一个很棒的办法，就是一只咬着另一只的尾巴，吊下缸底去喝油。最后他们美美地饱餐了一顿。

深有感触

人际关系中，人与人之间经常表现为合作和竞争。合作是两个或两个以上的个人或群体，为实现共同目标在某项活动中联合协作的行为。双方有一致的目标，而且双方共享结果。也就是我们常说的双赢，就像图中的三只老鼠那样，彼此合作，利人利己。再如班上英语好但数学不好的同学与英语不好但数学好的同学组成一个学习小组，两位同学相互补课、讲解知识，在这个过程中，形成了一个双赢的局面，两位同学相互合作，最终达成数学好英语好的目标。竞争是两个或两个以上的个人或群体，在某项活动中力争胜过对方的行为。也就是双方争夺一个目标，而且只有一方能得胜，有一方失败。如奥运比赛中，所有的运动员们都去努力拼搏第一名，但只能有一名冠军。

背后玄机

(1)竞争和合作对学生学习动机的影响

竞争中学生的自尊心被大大地激活,精力充沛,思维活跃,可能大大提高学习的效果。同时,也会出现一些学生因感到自己没有竞争实力,退出竞争,彻底放弃的情况。合作中学生感到安全,降低了对失败的恐惧,从而增强动机。但合作中也会出现依赖他人,自己不努力,坐享他人成果的现象。

(2)竞争和合作对学生能力发展的影响

竞争中学生为了取胜,动脑、动手,发挥创造性,能力得到发展,但是竞争中考虑的是"输和赢"的问题,所以,在一定程度上不利于发散思维的发展。在合作中学生更多考虑的是"解决问题",较少担心失败,所以敢于创新,有利于发散思维的发展。

(3)竞争和合作对学生自我情绪体验的影响

合作中学生得到他人的信任、接受和奖励,产生积极的自我体验,积极情绪有利于学习。在竞争中学生不可能得到他人的信任、接受和奖励,而经常面对否定或失败,有较多的消极体验,不利于学习。

为我所用

(1)竞争推动发展。一般说来,竞争是具有积极意义的,有助于激发个体的进取心,有助于个体客观地评价自我、扬长避短、精益求精,从而有助于推动个人和社会的发展。

(2)成功需要合作。合作在人们的生活和工作中具有重要意义。在学习的过程中要讲究合作,同学之间思想、知识和经验经常交流、讨论,这不仅能帮助他人解决问题,同时也能启发自己产生新的思路和新的方法。在今后的工作中也要讲究合作,事实上如果一个人只掌握了文化的知识和技能,而不懂得如何与他人合作,那么即使掌握的知识再多,也无法在社会上发挥较大的作用,因为任何人要施展才能都离不开与他人的合作。但要注意在合作中要保持自己的独立性、自己的优势,这是与人合作的基础。

(3)要妥善地处理好竞争与合作的关系。从根本上说,竞争离不开合作,通过竞争取得的胜利通常总是通过某一群体内部或多个群体之间通力合作的结果;合作也离不开竞争,没有竞争的合作只能是一潭死水。竞争可促进合作,合作又增强竞争的实力,正是这种竞争中的合作和合作中的竞争,才推动着人类社会的不断发展和进步。基于这样的立场,既要鼓励竞争、提倡竞争、保护竞争,又要提倡合作,提倡互相关心、互相爱护、互相帮助,一句话就是既要敢于竞争又要善于合作。

奇思妙想——鲶鱼效应

挪威人爱吃沙丁鱼,但沙丁鱼非常娇贵,极不适应离开大海后的环境。当渔民们把刚捕捞上来的沙丁鱼放入鱼槽运回码头后,用不了多久沙丁鱼就会死去。而死掉的沙丁鱼味道不好销量也差,这怎么办呢?后来渔民想出一个法子,将几条沙丁鱼的天敌鲶鱼放在运输容器里。因为鲶鱼是食肉鱼,放进鱼槽后,鲶鱼便会四处游动寻找小鱼吃。为了躲避天敌的吞食,沙丁鱼会自然地加速游动,从而保持了旺盛的生命力。如此一来,一条条沙丁鱼就活蹦乱跳地回到渔港。

这就是著名的"鲶鱼效应",鱼槽中的沙丁鱼是如此,现实中的人更是这样。如果没有竞争,那么人们就会散漫、懈怠。

大家一起向东跑？

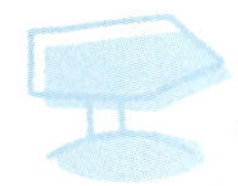

大家一起向东跑？

突然，一个人跑了起来。也许是他猛然想起钱包忘记在刚才吃饭的小店了，回头就跑，不管他想些什么吧，反正他在大街上跑了起来，向东跑去。这时候，另一个人也跑了起来，这可能是个兴致勃勃的报童。第三个人，一个有急事的胖胖的绅士，也小跑起来……十分钟之内，这条大街上所有的人都跑了起来。嘈杂的声音逐渐清晰了，可以听清"大堤"这个词。"决堤了！"这充满恐怖的声音，可能是公交车上一位老妇人喊的，或许是一个交通警说的，也可能是一个男孩子说的，但是没有人知道是谁说的，也没有人知道发生了什么事。但是在这条路上，两千多人都突然奔逃起来，"向东！"人群喊叫了起来，"东边远离大河，东边安全，向东跑！向东跑！"……

深有感触

上面提到的两千人莫名其妙地一起向东跑的行为，就是从众行为。从众就是个人受到外界人群行为的影响，而在自己的判断、认识上表现出符合公众舆论或多数人的行为方式。从前一群羚羊在悬崖边上吃草，一只羚羊失足掉下悬崖，其它的羚羊见了，竟然不顾一切也往下跳！结果一群羊全都跳下悬崖。看到这个，我们就会觉得很好笑，明知道有危险，羚羊为什么会这么做呢？其实，羚羊逃生的时候都是跟随大伙一块逃跑，长期以来形成了一种惯性，那就是看见同伴做什么，羚羊们就跟随着做同样的事情。羚羊的这种行为也是从众行为。生活中的从众行为非常常见，看到某家店门口排满了人，就会认为这家店的东西很好吃，赶紧随大流；班上的同学都去参加了补习班，即使你不愿意，也会为了随大流去参加补习班。下面这则笑话，更加说明了从众的盲目性。一日闲逛街头，忽见一长队延绵，赶紧站到对后排队，唯恐错过什么促销品、打折品之类的机会。等到队伍拐过墙角，发现大家原来是排队上厕所，不禁哑然失笑。

背后玄机

“从众”是一种比较普遍的社会心理和行为现象。通俗地解释就是“人云亦云”、“随大流”；大家都这么认为，我也就这么认为；大家都这么做，我也就跟着这么做。从众对人的影响是非常大的。导致人产生从众心理的原因是多方面的。我们生活在群体中，如果我们标新立异、与众不同，很可能会遭到排斥和打压，因此当大多数人的行为、态度与意见同自己的不一致时，就会有“我错了”的感觉。这样迫于大群体对自己无形的压力，我们违心地产生与自己意愿相反的行为。不同类型的人，从众行为的程度也不一样。一般来说，女性从众多于男性；性格内向、自卑感的人与外向、自信的人相比，更容易从众；还有文化程度低、年龄较小、社会阅历浅的人发生从众行为的可能性比较大。

一方面，从众可能使人们在人群中失去自己明确的观点和正确的立场，尤其是青少年，容易跟风，随大流。例如有的同学不吸烟，也不想吸烟，但伙伴中有许多人都在抽烟，为了使自己与大家协调一致也只能抽上了。这种违心的从众现象，在学生中还是比较多的。另一方面，对于好的行为的从众有一定的积极影响，比如有序排队的人群中较少有插队的现象；在人人爱护环境的场合中，很少有人会随地扔垃圾，类似这种符合社会道德、促成积极有益的从众行为的情况是我们需要坚持的。

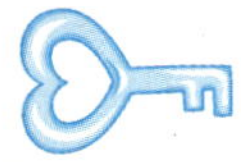

为我所用

假如每一片云都一模一样，“黄山云海”又怎能令人称奇？假如每朵花都如出一辙，那梅菊又怎能在文人笔下生辉？假如每棵树都惧高怕危，松柏又怎能在万绿丛中鹤立鸡群？自然界如果从众，我们将丧失许多美丽；人如果一味从众，也终将跌入失败的谷底。

许多的创造发明都是对思维定势的挑战，许多科学理论的提出也都是对传统权威进行冲击。假如科学家们一味从众，又怎能让科学真理的光芒普照大地？当今世界，是个性解放的世界。社会需要的是多种多样的人才。“走自己的路，让别人去说吧！”摆脱“从众”，创造一个只属于自己的精彩人生。

从众行为除了对我们的生活和学习有消极影响，还对我们有积极作用。排队的时候，如果排队的人越多，其他人选择排队的自觉性也就越高；过马路的时候，人人都遵守秩序，不横穿马路，那么就很少会有人违反交通规则；一个班集体的班风很好，那么班里的每个同学都会由于从众严格约束自己；如果每个人都不乱扔果皮纸屑，那么班级卫生就会维持的很好。以上提到的有利于我们的从众行为，都值得坚持。

妙趣横生——阿希实验

1952 年，美国心理学家所罗门·阿希设计实施了一个实验，来研究人们会在多大程度上受到他人的影响，而违心地进行明显错误的判断。他请大学生们自愿参加这个实验。当某个来参加实验的大学生走进实验室的时候，他发现已经有 5 个人先坐在那里了，他只能坐在第 6 个位置上。事实上他不知道，前面的 5 个人是跟阿希串通好了的假实验者，就是“托儿”。

阿希要求大家做一个非常容易的判断——比较线段长短。他拿出一张画有一条竖线的卡片，然后让大家比较这条线和另一张卡片上的 3 条线中的哪一条线等长。事实上这些线条的长短差异很明显，一般人是很容易作出正确判断的。实验进行到后面，前面的 5 个托儿故意异口同声地说出一个错误答案。于是那个真的参与者开始迷惑了，他是坚定地相信自己的眼力呢，还是说出一个和其他人一样，但自己心里认为不正确的答案呢？最后发现平均有 33% 的人判断是从众的。

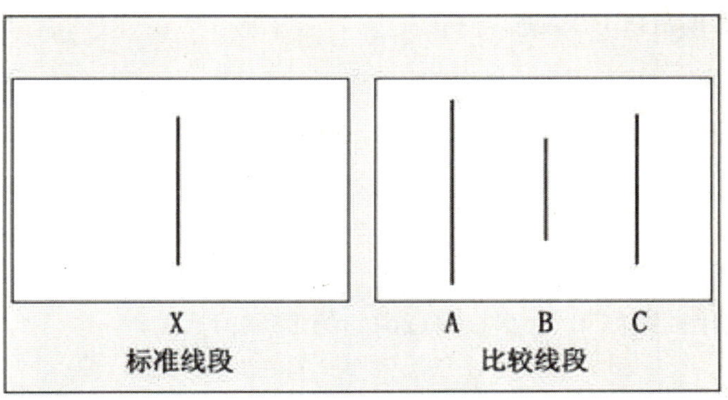
X
标准线段
A B C
比较线段

图书在版编目(CIP)数据

充满奥妙的心理学/冯廷勇主编. —重庆:西南师范大学出版社,2012.4
ISBN 978-7-5621-5718-2

Ⅰ.①充… Ⅱ.①冯… Ⅲ.①心理学—青年读物 ②心理学—少年读物 Ⅳ.①B84-49

中国版本图书馆 CIP 数据核字(2012)第 065591 号

青少年心理成长护航丛书
丛书主编:李 红
副 主 编:赵玉芳 张仲明 高雪梅
策 划:郑持军 卢 旭

充满奥妙的心理学

主编 冯廷勇 **副主编** 赵伟华 张娅玲

责任编辑:郑持军
装帧设计:曾易成 丁月华
出版发行:西南师范大学出版社
地址:重庆市北碚区天生路 1 号
邮编:400715 市场营销部电话:023-68868624
http://www.xscbs.com
经 销:新华书店
印 刷:重庆东南印务有限责任公司
开 本:787mm×1092mm 1/16
印 张:13.5
字 数:150 千字
版 次:2012 年 5 月 第 1 版
印 次:2012 年 5 月 第 1 次印刷
书 号:ISBN 978-7-5621-5718-2

定 价:24.00 元